Die medizinische Prosodie

oder

über die richtige Aussprache

der in der Medizin und Pharmacie

gebräuchlichen Ausdrücke,

mit besonderer Rücksicht auf Etymologie.

Ein Leitfaden

für

Aerzte, Apotheker und Naturforscher,

von

J. S. Löwenstein,

Doktor der Medizin und Chirurgie.

Berlin,

gedruckt und verlegt bei G. Reimer

1838.

Einleitung.

Wenn ich auch dem Ausspruche des gelehrten Kraus[1]): »Pfuscher kannst Du ohne Griechisch werden, aber glaub' mir, nie ein sicherer Arzt,« nicht unbedingt beistimmen möchte, so wird doch jeder unbefangene Jünger Aesculaps von der Nothwendigkeit, ja Unentbehrlichkeit eines gründlichen Studiums der klassischen Sprachen für unsere Wissenschaft sich tief durchdrungen fühlen. — Welcher gediegene, rationelle Arzt hegte wohl nicht den innigen Wunsch, aus den literarischen Urquellen unserer Wissenschaft, aus den medizinischen Evangelien eines Hippocrates, den Werken eines Galen, eines Plinius selbst schöpfen zu wollen! Welcher gebildete Arzt möchte wohl selbst der gelungensten Uebertragung sich lieber vertrauen, als dem Original? — Die glückliche Bildung neuerer, aus dem Griechischen oder Lateinischen entlehnter Ausdrücke hängt ja lediglich von einer gründlichen Kenntniss dieser Sprachen ab; nur dem Mangel dieser Gründlichkeit verdanken wir ja die

1) Ludwig August Kraus, kritisch etymolog. medic. Lexicon Göttingen und Wien 1821 und 1826.

so oft misslungenen, falschen oder sogenannten hybriden Benennungen vieler modernen medizinischen Autoren [1])! — Die Erklärung so manches uns fremd liegenden, für den ersten Augenblick unverständlichen Terminus technicus vermögen wir ja nur durch die aus tüchtiger Sprachkunde hervorgehende etymologische Forschung zu ergründen und uns anzueignen. —

Und nun die richtige Aussprache der lateinischen und griechischen ärztlichen Ausdrücke, die von mir benannte Prosodia medica, wie wollte man diese ohne gründliche, tiefe Sprachstudien sich zu eigen machen? Wie wäre es z. B. möglich, ohne Hülfsquelle zu wissen, dass es hydrothīon, epūlis, anthĕlix u. s. w. heisse, wenn man diese Wörter nicht von θειον, ουλον, ελιξ herzuleiten verstünde? —

Wohl ist es wahr, dass der Arzt nicht minder sicher in der Diagnose, Prognose und Therapie sein werde, wenn er auch statt paracentēsis, fälschlich paracentĕsis, statt herpes exēdens, unrichtig herpes exĕdens betonen wollte. — Gern gebe ich ferner zu, dass der Pharmazeut recht brav und gewandt zu praecipitiren, sublimiren, destilliren und infundiren vermögen wird, wenn er auch statt emplastrum diachўlum, diachȳlum, statt Leontōdon, Leontŏdon, statt unguentum irrĭtans, irrītans, statt resīna, resĭna ausspräche. — Eben so dürfte der Naturforscher nicht minder umsichtig in der Ergründung und Erweiterung seiner grossen Wissenschaft sein, mit nicht minderem Scharfsinne und Eifer der Natur bis in ihre geheimste Werkstätte nachspüren, wenn er auch

---

1) Qui enim hybrida mixtura Graeca Latinis miscet, ostendit, nec se latine loqui, nec Graece. *Martian Capella.* — Ich erinnere an: corpozoon, uveitis, superciliitis, lumbricoides u. s. w.!!

statt Jasiōne, Jasiŏne, statt flos cucūli, flos cucŭli, statt Lithīum, Lithĭum, statt entozōon, entozŏon, statt lichēnes, lichĕnes, gegen die Regeln der Prosodie gröblich sich versündigend, pronuntiiren wollte. — Und doch erheischt es die nothwendige klassische Bildung des Arztes, erheischen es der Anstand der Kunst, die Würde der Wissenschaft, auch diesem scheinbar unbedeutenden, kleinlichen Gegenstande unsere ernsteste Aufmerksamkeit zu widmen, uns auch auf diesem Gebiete des Wissens vor so leicht vermeidbaren Irrthümern und Sünden zu hüten, und den so oft gerügten Makel der ärztlichen Sprach-Ungründlichkeit von uns abzuwälzen. »Neque enim audiendi sunt, qui perinde esse arbitrantur, quo nomine, qua inter pronuntiandum mora exprimantur pharmaca, dum prosint et invisum humano corpori morbum expugnent. Enim vero faciendum hoc, et illud non omittendum.« Borrichius. —

Ich hege die feste Ueberzeugung, dass jeder wahrhaft gebildete Arzt erröthet und sich höchst unangenehm berührt fühlt, wenn er, wie es so häufig geschieht, von sonst achtbaren Kunstgenossen, und selbst akademischen Lehrern Verstösse gegen die medizinische Prosodie begehen sieht, wenn er nicht selten: parŭlis, ephĕlis, petrosĕlĭnum, caput obstĭpum, strobĭlus, gastrorrhăphe, errhĭna, laudānum, prognŏsis, diurĕsis, chlorŏsis, paracentĕsis, stomacāce, vesĭca, sināpis, gelatĭna, urtĭca, hyssŏpus, umbilĭcus u. s. w. hört, da doch der Sprachkundige weiss, dass die richtige Pronuntiation die folgende sei: parūlis, ephēlis, petroselīnum, caput obstīpum, strobīlus, gastrorrhăphe, errhīna, laudănum, prognōsis, diurēsis, chlorōsis, paracentēsis, stomacăce, vesīca, sinăpis, gelatīna, urtīca, hyssōpus, umbilīcus. — »Decorum videtur sagt Borrichius, res bene animo perceptas et quotidiano usu tritas, erudite convenienterque pronuntiare. Inficetiarum notam vix effugiet medicus pharmacopoeusque, si qua novit egregia pharmaca, eloqui et sine rubore pronuntiare nesciat!« — Wahrlich, beherzigenswerthe Worte! —

Für den in den alten Sprachen unterrichteten Arzt oder Pharmazeut, für den, dem Prosodie und Metrik nicht völlig eine *terra incognita* sind, bedarf es natürlich keines Leitfadens auf diesem Felde des Wissens; er findet stets den rechten Weg; denn er entdeckt in zweifelhaften Fällen in den klassischen Dichtern, in der Etymologie, in der Analogie den Faden, der ihn mögliche Irrthümer in dieser Beziehung mit Sicherheit vermeiden lehrt. — Wer aber möchte wohl in Abrede stellen, dass für den weniger Sachkundigen, für den, dem eine minder sichere Schulbildung zu Theil ward, es als ein wünschenswerthes Unternehmen erscheinen müsse, eine Schrift abzufassen, die über diesen Gegenstand jede nothwendige Belehrung und Berichtigung gewährt, damit neben dem Kern des Wissens auch die Schale, neben der wahren Essenz der Wissenschaft auch das Decorum derselben nicht leer ausgehe. —

Von welch hoher Wichtigkeit schon den Römern die gehörige Beachtung der Prosodie erschien, lehrt uns Cicero (orator): »In versu quidem tota theatra reclamant, si fuit una syllaba aut brevior aut longior. Nec vero multitudo pedes novit, nec ullos numeros tenet, nec illud, quod offendit, aut cur, aut in quo offendat, intelligit, et tamen omnium longitudinum et brevitatum in sonis, sicut acutorum graviumque vocum judicium ipsa natura in auribus nostris collocavit.« — Ferner erklärt Cicero (paradox): »Histrio, si paulum se movit extra numerum, aut si versus pronuntiatus est, syllaba una brevior aut longior, exsibilatur et exploditur.« Und warum sollten wir minder strenge in dieser Beziehung gegen Gelehrte sein, als die Römer es gegen Schauspieler waren?!

Eine höchst mangelhafte kleine Dissertation, die ich bereits vor zehn Jahren über diesen Gegenstand schrieb: de prosodia medica, sive de recta verborum in medicina usitatorum pronuntiatione (Berol. 1828), wurde, da man wohl das dringende Bedürfniss einer solchen fühlte, so günstig vom ärztlichen Publikum aufgenommen, erfreute sich eines so nachsichtigen Urtheils von Seiten mehrerer rezensirenden Institute[1]), dass ich der dringenden Aufforderung eine grössere, vollständigere Schrift über dieses Thema erscheinen zu lassen, nicht länger widerstehen mochte. Und so widmete ich denn die wenigen Mussestunden, die mir ein ziemlich ausgebreiteter ärztlicher Wirkungskreis gewährt, mit Liebe und Eifer, würdigend das: »quid valeant humeri, quid ferre recusent,« diesem literarischen Produkte.

Bei der Ausarbeitung dieses Büchleins musste natürlich die Prosodie der Hauptgegenstand, dem ich mein Augenmerk weihete, bleiben. Es genügte jedoch aus leicht begreiflichen Gründen die blosse Bezeichnung der Quantität und mithin der Aussprache einer Sylbe nicht, sondern das warum? der Grund, nach welchem man so und nicht anders pronuntiiren solle, musste, als ein für den denkenden Leser prävalirendes Erforderniss, nothwendigerweise einen der wichtigsten Bestandtheile der Schrift mit ausmachen. — Es wurden daher die auf die medizinisch naturhistorischen Kunstausdrücke anwendbaren prosodischen Regeln mit der mir

1) Erfreulich musste es mir sein, manche frühere Irrthümer nach dem Erscheinen meiner Schrift berichtigt zu sehen; so liest man z. B. in Kraus etym. Lexicon (Götting. 1826.) coccy̆gis, diachy̆lum etc.; in seinem 1832 erschienenen Nachtrage macht er jedoch dringend aufmerksam, dass es coccȳgis, diachȳlon heissen müsse. —

nur irgend möglichen Umsicht und Vollständigheit den besten Werken über Prosodie entnommen, für den vorliegenden Zweck bearbeitet und dem prosodischen Lexico vorangeschickt. — In diesem Lexico bemühete ich mich mit ruhiger Ausdauer, Citate aus griechischen und lateinischen Dichtern (wobei ich der leichtern Scansion wegen den in Hexametern und Pentametern geschriebenen Versen den Vorzug gab,) beizubringen, durch deren Aufführung über die richtige Pronuntiation des zu bestimmenden Ausdruckes kein Zweifel mehr obwalten konnte [1]). —

Ein nur oberflächlicher Ueberblick wird die bedeutende Anzahl klassischer Poësieen, die ich für meinen Zweck benutzt habe, zu würdigen wissen; als die wichtigsten und am häufigsten angezogenen nenne ich: Horaz, Virgil, Ovid, Juvenal, Catull, Tibull, Properz, Persius, Auson, Vindician, Q. Seren, Martial, Nemesian, Lucian, Calpurn. Siculus, Fannius, Fracastor, die Schola Salernitana, Homer, Theocrit, Oppian, Nicander, Nonnus, Hesiod, Aeschylus, Sophocles, Palladius, Columella, Fortunat, Macer, Lucrez, Euripides, Theognis, u. s. w.

Weit entfernt jedoch, diese citirten Verse stets und lediglich für Beweise der angegebenen prosodischen Bestimmung zu halten, gewähren sie auch noch den unbestreitbaren Vortheil daraus entnehmen zu können, welche medizinische Ausdrücke alten, welche rezenteren Ursprungs seien, in welchem der klassischen Dichter, die-

1) Gleichwohl reichen auch diese (prosodische Regeln) nicht hin, uns überall sicher zu leiten; es bleiben uns eine Menge von Wörtern übrig, bei denen wir uns mit dem Beispiel eines alten Dichters begnügen müssen, dessen Autorität oft für uns als einziger Entscheidungsgrund gilt. *Grotefend.*

ser oder jener Kunstausdruck, dieser oder jener Thier- und Pflanzenname vorkomme, in welchem Sinne der eine oder der andere Terminus technicus bei den Alten gebraucht worden sei. Welch interessante Resultate, welche lehrreiche Zusammenstellungen, welch fruchtbare Untersuchuugen, dürften sich hier dem aufmerksamen Forscher ergeben. —

Da die komponirten medizinischen Ausdrücke meist moderner Generation und daher in den alten Klassikern nicht vorhanden sind, so wurden in solchen Fällen solche Verse als prosodische Beweisstellen citirt, in denen sich das Endwort des komplicirten Kunstausdruckes befindet. —

Es fällt dem Kundigen in die Augen, dass die Etymologie keine ganz untergeordnete Rolle in einer Schrift über Prosodie spielen dürfe, denn sie ist es sehr häufig, durch die der Beweis der Quantität geführt werden muss; so kann man z. B. die Maassbestimmung lateinischer Wörter, die im Griechischen ihren Ursprung haben, nur durch die Etymologie ermitteln; so kann die Quantität zusammengesetzter Ausdrücke nur durch die Ableitung bestimmt werden, und selbst bei den einfachen vermag man die oft schwankenden prosodischen Verhältnisse nur durch die Wortforschung zu ergründen. Ich erinnere nur an ephelis, Laudanum, errhina, aequivocus, butomus, diachylum u. s. w.

Wenn man nun aber auch grösstentheils nur Andeutungen und nicht tiefe etymologische Forschungen, was bei den vorhandenen trefflichen Werken eines Kraus, Beckmann, Borrich u. a. wohl überflüssig wäre, hier zu erwarten hat, so wird man auch nicht ohne Interesse der zwar kurzen, aber doch gründlichen Ableitung der meisten genannten Ausdrücke folgen [1]). — So werden auch

1) Ich habe mich bemühet, bei den verschiedenen oft abenteuerlichen Ableitungen, die man bei den Autoren findet, strenge

die vorkommenden lateinischen Termini in etymologischer Hinsicht die Revue passiren, und mit demselben Vergnügen, welches der Verfasser selbst dabei empfand, wird der aufmerksame Leser bei den Herleitungen der Ausdrücke: cortex, forceps, maxilla, Lucina, intertrigo, mulier, nausea, labium, foramen, formica, Cicāda, cloaca und ähnlicher einige Augenblicke verweilen.

Mit Dankbarkeit nenne ich Blancard[1]), den schon oft erwähnten Kraus, Borrich[2]), Morell[3]), Castelli[4]), de Theis[5]), Voss[6]), Spitzner[7]), Boehmer[8]), Beckmann[9]), Grotefend[10]), Willdenow[11]), Lavoisien[12]), Martinius[13]) u. a. als diejenigen Autoren, deren ich mich bei der Ausarbeitung meiner Schrift am häufigsten bedient habe. Plinius sagt ja: »Est autem benignum, ut arbitror, et plenum ingenii pudoris, fateri, per quos profeceris.«

Kritik anzuwenden, und nur die wahrscheinlichsten Derivationen anzuführen. Bei einigen von mir gemachten Vermuthungen, z. B. bei magira, Balsamum, mulier, lumbricus, medicus etc. bitte ich im Voraus um Nachsicht.

1) Lexicon medicum, edit. Isenflamm et Kühn.

2) Lingua Pharmacopaeorum. Han. 1670.

3) Thesaurus poes. Graecae ed. Maltby 1815.

4) Lexicon medicum.

5) Glossaire de Botanique. Paris 1810.

6) Etymol. linguae latinae. Amstelodami 1662.

7) Versuch einer Anweisung zur griechischen Prosodie. Gotha 1821.

8) Commentatio botanica literar. und Lexicon rei herbariae. Lips. 1799. 1802.

9) Lexicon botanicum. Göttingen 1801.

10) Lateinische Grammatik. Frkfurt a. M. 1820.

11) Willdenow Anleitung zum Selbststudium der Botanik. Berlin 1804. (Hieraus sind die Uebersetzungen der meisten Pflanzennamen entnommen worden.)

12) Dictionnaire de Médecine. Paris 1793.

13) Lexicon philosophicum, praecipue etymolog. 1655.

Dass ich aus allen Zweigen des ärztlichen Wissens, aus der Anatomie, Botanik, Chemie, Physik, Zoologie, Mineralogie, Pathologie und Therapie, die wichtigsten hierher gehörigen Ausdrücke, bei deren prosodischer Bestimmung nur irgend gesündigt werden konnte, ausgewählt habe, wird, ich hoffe es, ein nur oberflächlicher Ueberblick schon lehren. —

Schliesslich sehe ich mich hier noch zu einer für unsern Gegenstand höchst wesentlichen Bemerkung veranlasst, und zwar, »dass die griechischen Accente auf die Pronuntiation der Ausdrücke durchaus keinen Einfluss üben.« Die Quantität der Sylben ist der Sprache angeboren, die Accente wurden ihr angebildet. — Niemand verfällt jetzt auf den Gedanken, sich der hebräischen Accente zu bedienen, da sie durchaus nicht auf die Aussprache influiren. —

Schon Henninius schrieb 1618 ein Buch de lingua Graeca secundum accentus non pronuntianda. — Wetzel (griechische Sprachlehre) behauptet: »die Accente helfen uns beim Lesen nicht, und ihre Vertheidigung ist vergeblich.« — Kraus erklärt geradehin: »die Accente sind eine res nihili, von der die wahren Alten nichts wussten,« und an einem andern Orte: »das mit hinreichenden Vokalzeichen versehene Griechische belästigen wir noch mit den fast überall unnöthigen Accenten.« —

Für unsern vorliegenden Zweck haben nun vollends die Accente, da die griechischen Wörter in die lateinische Sprache übergegangen sind, keine Geltung. — So sagt Martianus Capella (de fastig. III.): »Graeca nomina cum in Latinum vertuntur, nostra (Latina) regula pronuntiantur.« Borrich äussert darüber: »Quaesitum jam olim fuit, hodieque plurimis ambiguum est, vocesne Graecae, cum in civitatem latinam transierint, pronuntiandae sint ad morem Graecorum an Latinorum? Mea quidem sententia, cum in alieno regno vivant, alienis moribus vivere jubebuntur.«

Dies wäre nun Alles, was ich meiner Schrift vorauszuschicken für nöthig erachtet habe. — Ich schliesse mit des berühmten Herrmanns Worten: »Longa profecto materia est, si quis de mensura syllabarum recte velit pleneque dicere. Quo magis accepta debet eorum opera esse, qui ad has quaestiones diligentiam suam conferunt.«

Frankfurt a. d. O.

Dr. Löwenstein.

Medizinisch-prosodische Regeln.

§. 1.

Jede mit einem Querstrich (—) bezeichnete Sylbe ist **lang** (producitur); mit einem kleinen Halbkreise (◡) versehen, **kurz** (corripitur).

§. 2.

Um ein Wort richtig auszusprechen, muss man die Quantität oder das Zeitmaass der **vorletzten Sylbe** (der Penultima) kennen. —

§. 3.

Ist die **vorletzte Sylbe lang**, so ruht der **Ton auf ihr**, ist sie **kurz**, so geht **derselbe auf die drittletzte** (d. h. auf die der penultima vorstehende Sylbe) über; z. B. **prognōsis**, die Vorhersage, **olecrānum**, das Schulterblatt, **arbūtus**, die Sandbeere, **arthrocăce**, das Gelenkleiden.

§. 4.

In lateinischen Wörtern ist vocalis ante vocalem (d. h. ein Vokal, der unmittelbar vor einem andern steht) kurz; z. B. **galĕa**, der Helm, **bractĕa**, das Nebenblatt. Ausgenommen sind die Wörter, die im **Griechischen** einen **langen Vokal** oder einen **Diphthong** haben; z. B. **entozōon**, der Eingeweidewurm, *εντοζωον*; **hydrothīon**, der Schwefelwasserstoff, *υδροθειον*.

§. 5.

Die Position, d. h. zwei auf einander folgende Konsonanten, oder ein Doppelkonsonant (Z) machen den ihnen vorangehenden Vokal lang; z. B. caprīzans, hüpfend, glycyrrhīza, das Süssholz. Ausgenommen sind muta cum liquida, d. h. die stummen Konsonanten, b, p, c, g, d, t, die mit fliessenden l, m, n, r zusammenstehen, wodurch in der Prosa der voranstehende kurze Vokal kurz bleibt und nur bei Dichtern lang gebraucht wird; z. B. cerĕbrum, das Gehirn, podăgra, die Fussgicht, thermomĕtrum, der Wärmemesser, pyrĕthrum, der Bertramwurz.

So findet man bei Ovid:

Est primo similis volŭcri, mox vera volŭcris.

§. 6.

Das e aus dem griechischen ε ist kurz; z. B. ephemĕra, εφημερα, die Ephemere. Das e aus dem η, das e und i aus ει lang, z. B. melicēris, μελικηρις, die Honiggeschwulst; Aristolochīa, αριστολοχεια, der Osterluzei; nosodochīum, νοσοδοχειον, das Krankenhaus, Achillēa, Ἀχιλλεια, die Schafgarbe.

§. 7.

Das o aus dem griechischen ο ist kurz; z. B. acŏrus, ακορος, der Kalmus; das o aus dem griechischen ω lang; z. B. trigōnus, τριγωνος, dreieckig.

§. 8.

Das u aus dem griechischen ου ist lang; z. B. epūlis, επουλις, das Zahngeschwür; curcūma, κουρκουμα, der Kurkum.

§. 9.

Die aus dem Griechischen in's Lateinische übergegangenen Wörter behalten die Quantität des Griechischen; z. B. strobīlus, στροβῖλος, die Zirbel; coccyx, coccȳgis, κοκκῦγος, der Kuckuk; diachȳlum, διαχῦλον, das Diachylum-Pflaster; aconītum, ακονιτον, der Sturmhut; amygdala, αμιγδαλη, die Mandel.

§. 10.

Die Endung acus, aca, acum hat eine lange Penultima, z. B. cloāca, der Kloak, guajācum, das Guajakharz, pastināca, der Pasternak, portulāca, der Portulak. Ausgenommen sind sandarăca, der Sandarach, amarăcus, der Majoran, dipsăcus, der Karten, taraxăcum, Löwenzahn, und die Adjectiva auf iacus, z. B. maniăcus, rasend.

§. 11.

Die Wörter auf icus, ica, icum sind kurz; z. B. agarĭcus, der Lerchenschwamm, carĭca, die Feige, tritĭcum, der Weizen. Ausgenommen: antīcus, der vordere, postīcus, der hintere Theil, lumbrīcus, der Regenwurm, caprifīcus, der wilde Feigenbaum, umbilīcus, der Nabel, urtīca, die Nessel, vesīca, die Blase, myrīca, der Gagel, formīca, die Ameise, rubrīca, der Zinnober.

§. 12.

Die Endung ucus, uca, ucum ist in der vorletzten Sylbe lang; z. B. festūca, der Schwingel, lactūca, der Lattich, cadūcus, hinfallend, sambūcus, der Flieder.

§. 13.

Die Endungen alis, ale haben die Penultima lang; z. B. brachiālis, vom Arme, faciālis, vom Gesicht digitālis, der Fingerhut, secāle, der Roggen.

§ 14.

Die Wörter auf idus haben die vorletzte Sylbe kurz; z. B. fervĭdus, heiss, liquĭdus, flüssig, arĭdus, trocken.

§ 15.

Die Wörter auf anus, ana, anum haben eine lange Penultima; z. B. fontānus, von der Quelle, solānum, der Nachtschatten, bardāna, die Klette. Ausgenommen sind: abrotănum, Stabwurz, balănus, die Eichel, castănum, die Kastanie, choăna, die Choane, cyănus, die Kornblume, galbănum, das Galbanharz, laudănum, das Laudanum, lapsăna, olibănum, der Weihrauch, orgănum, das Organ, origănum, der Dosten, ptisăna, die Tisane, platănus, die Platane, raphănus, der Rettig, tetănus, der Starrkrampf, trepănum, der Trepan, tympănum, das Trommelfell, und mănus, die Hand, mit den Compositis z. B. bimănus, zweihändig, quadrimănus, vierhändig.

§. 16.

Die Endung inus, a, um ist lang; z. B. gelatīna, die Gallerte, resīna, das Harz, echīnus, der Igel, mediastīnum, das Mittelfell. Ausgenommen: pampĭnus, die Weinranke, fraxĭnus, die Esche, machĭna, die Maschine, ricĭnus, der Wunderbaum, succĭnum, der Bernstein, trephĭna, der Trepan, und die Adjectiva in inus, a, um, die von leblosen Gegenständen herrühren; z. B. therebintĭnus, der Terpentin, balsamĭna, die Balsamine, cristallĭnus, krystallen, alcalĭnus, alkalisch etc.

§. 17.

Die Wörter auf arus, ara, arum sind lang; z. B. amārus, bitter etc. Ausgenommen: asărum, der Haselwurz, sacchărum, der Zucker, acărus, die Milbe, cĭnăra, die Artischocke, cammărus, der Meerkrebs, blephărum, das Augenlied, eschăra, der Schorf, farfăra, der Huflattich, hedysărum, der Hahnenkopf, rhabarbărum, der Rhabarbar, Samăra, tartărus, der Weinstein, und die von pario (gebähren) gebildeten Adjectiva, z. B. ovipărus, eierlegend, primipăra, erstgebährend, multipăra, oftgebährend.

§. 18.

Die Endung urus, a, um ist in der Penultima lang; z. B. natūra, die Natur, tinctūra, die Tinctur; sabūra, der Schleim. Ausgenommen: purpŭra, der Purpurfriesel.

§. 19.

Die Wörter auf ivus, a, um sind lang; z. B. satīvus, sättigend, gingīva, das Zahnfleisch, salīva, der Speichel, olīva, die Olive.

§. 20.

Die Diminutiva auf olus und ulus haben die vorletzte kurz; z. B. malleŏlus, das Hämmerlein, viŏla, das Veilchen, scrupŭlus, der Skrupel, calcŭlus, das Steinchen. Ausgenommen: cucūlus, der Kuckuk.

§. 21.

Die Adjectiva auf osus sind lang; z. B. speciōsus, schön, formōsus, stattlich, vinōsus, weinigt etc.

§. 22.

Die Substantiva auf asis sind kurz; z. B. metastăsis, die Metastase, lithiăsis, die Steinkrankheit, phthiriăsis, die Läusesucht.

§. 23.

Die Substantiva auf ago sind lang; z. B. mucilāgo, der Schleim, cartilāgo, der Knorpel, tussilāgo, der Huflattig etc.

§. 24.

Die Substantiva auf igo sind lang; z. B. vertīgo, der Schwindel, lentīgo, die Sommersprosse, intertrīgo, das Wundsein u s. w.

§. 25.

Die Wörter auf ites haben die Penultima lang; z. B. graphītes, der Graphit, ascītes, die Bauchwassersucht, haematītes, der Blutstein.

§. 26.

Die Substantiva auf itis sind lang; z. B. ulītis, die Zahnfleischentzündung, gastrītis, die Magenentzündung, encephalītis, die Gehirnentzündung.

§. 27.

Die Wörter auf amen sind in der vorletzten lang; z. B. putāmen, die Schale, forāmen, das Loch, medicāmen, das Heilmittel. Ausgenommen: cyclămen, die Erdscheibe.

§. 28.

Die Substantiva auf omen und umen sind lang; z. B. abdōmen, der Unterleib, alūmen, der Alaun, bitūmen, der Erdpech etc.

§. 29.

Die Substantiva auf imen, von der dritten Conjugation gebildet, sind kurz; z. B. regĭmen, die Anordnung, von regere, regieren; die von der vierten abgeleiteten sind lang; z. B. molīmen, das Bestreben, von moliri, lenīmen, die Linderung, von lenire, u. s. w.

§. 30.

Die Substantiva verbalia auf itus haben die Quantität des Supini; z. B. sonĭtus, der Schall, vom Supino sonĭtum; audītus, das Gehör, von audītum, vagītus, das Wimmern, von vagītum.

§. 31.

Die Substantiva auf etum haben die vorletzte lang; z. B. Quercētum, Jodētum, der Jodet, Chlorētum, der Chloret, Tanacētum.

§. 32.

Die Genitivi auf icis sind kurz; z. B. cortex, cortĭcis, die Rinde, salix, salĭcis, die Weide. Ausgenommen sind: vibex, vibīcis, die Schwiele; radix, radīcis, die Wurzel; cervix, cervīcis, der Nacken; varix, varīcis, der Blutaderknoten; spadix, spadīcis, der Schaft; cicatrix, cicatrīcis, die Narbe.

§. 33.

Die Genitiv-Endungen auf acis sind lang; z. B. thorax, thorācis, der Brustkasten; borax, borācis, der Borax. Ausgenommen: storax, storăcis, das Storaxharz; styrax, styrăcis; anthrax, anthrăcis, die Pestbeule.

§. 34.

Die Genitivi auf onis sind lang; z. B. draco, dracōnis, der Drache; pulmo, pulmōnis, die Lunge; sapo, sapōnis, die Seife. Ausgenommen: pepo, pepŏnis.

§. 35.

Die Genitivi auf opis sind lang; z. B. hydrops, hydrōpis, die Wassersucht. Ausgenommen: Aethiops, Aethiŏpis, der Aethiops; haemalops, haemalŏpis, das Blutauge; dacryops, dacryŏpis, die Geschwulst der Thränenwege.

§. 36.

Die Genitivbeugung auf inis ist kurz; z. B. sanguis, sanguĭnis, das Blut; hirudo, hirudĭnis, der Blutegel.

§. 37.

Die Substantiva auf ema sind lang; z. B. empyēma, das Empyem; systēma, das System. Ausgenommen: enĕma, das Klistir.

§. 38.

Die Substantiva auf esis haben die Penultima lang; z. B. paracentēsis, die Paracentese, diaphorēsis, die Schweissabsonderung; anamnēsis, die Anamnese. Ausgenommen: emĕsis, das Brechen; parĕsis, die Lähmung; diaerĕsis, die Trennung; thĕsis mit den Zusammensetzungen, z. B. diathĕsis, die Anlage, und genĕsis, die Erzeugung, mit den Compositis, z. B. epigenĕsis.

§. 39.

Die Substantiva auf osis sind lang; z. B. amaurōsis, der schwarze Staar, diagnōsis, die Krankheitserklärung, exostōsis, der Knochenauswuchs. Ausgenommen: dŏsis, die Gabe, mit den Zusammensetzungen, z. B. ecdŏsis.

§. 40.

Die Endung oma hat die vorletzte Sylbe lang; z. B. glaucōma, der grüne Staar, symptōma, das Symptom. Ausgenommen: stŏma, der Mund, mit den Compositis, z. B. polystŏma, das Vielmaul, distŏma, das Zwiemaul.

§. 41.

Die Substantiva auf ysis sind kurz; z. B. analy̆sis, die Zerlegung, haemopty̆sis, das Blutspeien, apophy̆sis, der Ansatz.

§. 42.

Die zusammengesetzten Wörter auf chole, cholus, raphe, cephalus, rodos, tocus, xylon, phobus, phagus, phthisis, lysis, physis, thesis, stoma, lithus, cace, cavus, color, ferus, fidus, gyne, jugus, lobus, phorus, tomus, meli, nosos, phytum, olens, sind kurz; z. B. hepatophthĭsis, die Leberschwindsucht, ocyotŏcus, schnellgebährend, gastrorrăphe, die Bauchnaht, dacryolĭthus, der Thränenstein, bilŏbus, zweilappig, stomacăce, die Mundfäule etc.

§. 43.

Die Composita, welche enden auf chylus, ducus, sugus, urus (von ουρα, der Schwanz), ulis (von ουλη, das Zahnfleisch), zoma, zoon, cele, pogon, rhiza, thymus, ficus, rhinus und thorax sind lang; z. B. sanguisūga, der Blutegel, euxchȳlus, mit guten Säften versehen, parūlis, Geschwür am Zahnfleisch, entozōon, das Eingeweidethier, dysthȳmus, hypochondrisch, antirrhīnum, das Löwenmaul, caprifīcus, der wilde Feigenbaum, osmazōma, das Osmazom u. s. w.

§. 44.

Die Substantiva auf ela sind lang; z. B. candēla, das Licht, medēla, das Mittel, mustēla, das Wiesel, u. s. w.

Medizinisch-prosodisches

und

etymologisches Wörterbuch.

A.

Abdōmen (*die vorletzte Sylbe ist lang*), der Unterleib, von *abdo*, ich verberge. Die Endung *omen* hat die Penultima lang; vgl. §. 28. der prosodischen Regeln.

Montani quoque venter adest abdōmine tardus. JUVENAL.

Abortīvum (*lang*), eine frühzeitige Geburt befördernd; abortio, ich gebähre zu früh, von *ab* und *orior*, entstehen; also was das Entstehen, das Werden hemmt, verhindert. Die Penultima ist lang, wie in recidīvus, satīvus; vgl. §. 19.

Et quod abortīvo non est opus, illa voluptas. JUVENAL.

Abrotănum (*kurz*), der Stabwurz, Beifuss; *αβροτονον*, von *α* privativum und *βροτος*, sterblich; entweder wegen seiner wohlthätigen medizinischen Wirkungen, oder seiner überwinternden Eigenschaft. Die Penultima ist kurz als Ausnahme der Wörter auf *anus*, *a*, *um*; vgl. §. 15.

Μηδε συ γ᾽ αβροτονου επιληθεο, μηδε τε δαφνης.

NICAND. THER.

Navem agere ignarus navis timet, abrotănum aegro.

HORAT. EPIST.

Absinthĭum (*kurz*), der Wermuth; *αψινθιον, απινθιον*, von *α* privativum und *πιω*, *πινω*, ich trinke, weil es vermöge seiner Bitterkeit nicht genossen werden kann.

Τω μεν τ᾽ ευβρεχεος αψινθιου αλγος αρηξει.

NICAND. ALEXIPHARMAC.

Exspirant acrem panaces, absinthĭa tetra. LUCRET.

Acacĭa (*kurz*), der Schlehdorn, die Akazie, von *α* privat. und *κακος*, schlecht, weil es kein schlechtes Arzneimittel ist, oder auch von *ακαζω*, ich steche; vgl. §. 4. der prosod. Regeln.

Acacĭam propolimque et adarcen, cnicon, acanthum.

Vindician.

Acalēpha *(lang)*, die Meernessel; *ακαληφη*, von *α* privativum, *καλος*, schön, und *αφη*, die Berührung; weil sie wegen des Brennens unangenehm anzufassen ist; vgl. §. 6.

Graecus acalēphen, nos urticam vocitamus.

Aemil. Macer.

Acărus *(kurz)*, die Milbe; *ακαρος*, von *α* privat. und *κειρω* (*καρω*), ich zerschneide, zerlege; weil sie wegen ihrer Kleinheit unzertheilbar ist; vgl. in prosodischer Hinsicht §. 17.

Acētum *(lang)*, der Essig; von *acidus*, sauer, *acies*, *ακις*, die Schärfe, *aceo*, *acesco*, ich werde scharf, sauer. Die Endung *etum* ist stets lang, wie in tanacētum, quercētum; vgl. §. 31.

Imputet ipse Deus mihi nectar, fiet acētum.

Martial. Epigramm.

Achillēa *(lang)*, die Schafgarbe; *αχιλλεια* (*βοτανη*), von *Achilles*, entweder, dass er sich selbst dieses Krautes bedient, oder auch andere damit geheilt habe; vgl. §. 6.

Stirpis Achillēae fastus juvenumque superbum.

Virgil. Aen.

Achōres *(lang)*, ein Kopfausschlag, Grind; *αχωρες*, von *α* privat. und *χωρος*, der Raum; weil es sich so verbreitet, dass es keinen Raum leer lässt; vgl. §. 7.

Protinus informes totum per corpus achōres.

Fracast. Syphilis.

Aconītum *(lang)*, der Sturmhut; *ακονιτον*, von *ακονη*, der Stein; weil er gern auf Felsen wächst, oder von *ακις*, die Spitze; weil man die Enden der Pfeile damit vergiftete. In prosodischer Beziehung ist zu bemerken, dass die in's Lateinische übergegangenen griechischen Wörter gewöhnlich die Quantität der Letzteren behalten; vgl. §. 9. der Regeln.

Πνυθειης ακονιτον, ο δη ϱ' Αχεϱωιδης οχθαι.
NICAND. ALEXIPHARM.

Lurida terribiles miscent aconīta novercae.
OVID. METAMORPH.

Acŏrus (*kurz*), der Kalmus; *ακοϱος*, von *ακοϱης*, unersättlich; wegen seiner Wirkung als stomachicum, oder von *κοϱη*, die Pupillen; weil es dem Auge gut thut. *Kraus etym. Lexicon.*

Andrachnen acŏronque, opopanaca pompholygemque.
VINDICIAN.

Acotylēdon (*lang*), ohne Samenblättchen, von *α* priv. und *κοτυληδων*, der Samenlappen.

Πϱος κοτυληδονοφιν πυκιναι λαιγγες εχονται. HOMER ODYSS.
Friget et abstergit cotylēdon atque resolvit.

Acūtus (*lang*), spitz, scharf; morbus acūtus, die hitzige Krankheit, von *acuo*, ich schärfe, *acu*, die Nadel, *acies*, *ακις*, die Schärfe. Die Penultima ist lang, wie in cornūtus.

Quod latus aut renes morbo tententur acūto.
HORAT. SERMON.

Adamantĭnus (*kurz*), demanten, steinhart, von *αδαμας*, der Diamant, dieses von *α* privat. und *δαμαω*, zähmen, bändigen; folglich unbezwingbar. Freilich kannte man damals das Verbrennen dieses Steines im Sauerstoff noch nicht! — Die Penultima ist kurz, wie bei allen Adjectivis auf *inus*, die von leblosen Dingen herrühren; z. B. therebintĭnus, alcalĭnus, balsamĭna; vgl. §. 16. der prosodischen Regeln. —

In quo jam genere inprimis adamantĭna saxa. LUCRET.

Adenītis (*lang*), die Drüsenentzündung, von *αδην*, die Drüse und der angehängten *itis*, womit man die Entzündung eines Theils bezeichnet; vgl. hinsichts der Prosodie §. 26.

Adipocēra *(lang)*, das Fettwachs; *adipocire*, von *adeps*, das Fett, und *cera*, *κηρα*, das Wachs.

Cantando tu illum aut unquam tibi fistula cēra. VIRGIL.

Aegĭlops *(kurz)*, das Augenwinkelgeschwür, von *αιξ*, *αιγος*, die Ziege, und *ωψ*, das Auge.

Αμμιγα δ' αιγιλοπος τε χελιδονιον τε πετηλα.

NICAND. THERIAC.

Aequivŏcus *(kurz)*, eigentlich zweideutig; *generatio aequivoca*, eine zweideutige, zweifelhafte Zeugung, von *aequus*, gleich, und *vox*. In prosodischer Hinsicht ist zu bemerken, dass das Wort vom Verbum vŏco und nicht von vox, vōcis, abgeleitet werden muss; vŏco, invŏco, convŏco.

Aerophŏbus *(kurz)*, luftscheu, von *αηρ*, die Luft, und *φοβος*, die Furcht; vgl. §. 42. der prosodischen Regeln.

Θεσπεσιον γαρ σφιν φοβον εμβαλε Φοιβος Απολλων. HOMER.

Aerophŏrus *(kurz)*, lufttragend, lufthaltig, von *αηρ*, *aër*, die Luft, und *φερω*, *φορεω*, ich trage; vgl. §. 42.

Τ' οφρα δε μ' αιει κυμα φορει κραιπναι τε θυελλαι.

HOMER.

Aerothōrax *(lang)*, Luftbrust, Brustluftsucht, von *αηρ*, *aër*, und *θωραξ*; vgl. 43.

Χρυσειοι συνεχον, και διπλοος ηντετο θωρηξ.

HOMER. ILIAS.

Aescŭlus *(kurz)*, die Rosskastanie, von *esculus*, essbar, *esca*, die Speise.

Aescŭlus atque habita Grajis oracula quercus.

VIRGIL. GEORG.

Aethĭops, aethiŏpis *(kurz)*, der Mohr, der Aethiops, ein schwarzes Pulver, *αιθιοψ*, *αιθιοπος*, von *αιθω*, ich brenne, und *ωψ*, das Gesicht; vgl. §. 35.

Aethĭŏpum versemus aves subsidere cancri. VIRGIL.

Aethūsa *(lang)*, der kleine Schierling; *αιθουσα*, von *αιθω*, ich brenne, von seinen scharfen, brennenden Bestandtheilen; vgl. in prosodischer Hinsicht §. 8. der Regeln.

Τρητοις εν λεχεεσσιν, υπ' αιθουσῃ εριδουπῳ. HOMER. ODYSS.

Agallŏchon (*kurz*), Aloeholz, Adlerholz; *αγαλλοχον*, ein wegen seines Wohlgeruchs und seiner Wirkungen sehr geschätztes Holz; vielleicht von *αγαλμα*, die Zierde, und *εχω*, ich habe, enthalte.

Agălax (*kurz*), milchleer, milchvertreibend, von *α* priv. und *γαλα*, die Milch.

Αλλοτ' αλυσθαινοντι ποθεν γαλα πιον αρηξει.

NICAND. ALEXIPHARM.

Agarĭcus, um (*kurz*), der Lerchenschwamm, Feuerschwamm, von Agarĭa, einer ehemaligen Gegend Polens, wo dieser Schwamm häufig war. *Dioscorid.* — Die Penultima ist kurz, wie in carĭca, tritĭcum, medĭcus; vgl. §. 11. der prosodischen Regeln.

Agarĭcum, asarumque potens, aloën, aconitum.

VINDICIAN.

Agāve (*lang*), die Agave; *αγαυη*, *mirabilis*, wegen ihrer herrlichen Blüthe die bewundernswerthe genannt, von *αγαομαι*, ich freue mich. — Was die Prosodie des Wortes betrifft, so weiss ich nicht, warum Kraus (Nachtrag zum etym. Lexic.) die Länge der Penultima in Zweifel zieht, da man sie bei keinem Dichter kurz findet, und auch die Analogie für die Länge spricht; z. B. cadāver, papāver. Ausser dem citirten Verse vgl. man noch *Juvenal VII.*, 88; *Horat. Sermon. II.*, 3; *Virgil. Culex* 110. S. *Grotefend's Lat. Grammat.* 3, 1, S. 40. *Becmann lex. bot.*

Ινω, κ' Αυτονοα, χ' α μαλοπαρηος Αγαυα.

THEOCRIT. IDYLL.

Adspice, mater, ait, visus, ululavit Agāve.

OVID METAMORPH. III., 725.

Agomphōsis (*lang*), das Zähnewackeln; *αγομφωσις*, von *α* privativum und *γομφωσις*, das Einkeilen; *γομφος*, der Keil. — Ueber die prosodischen Verhältnisse der Endung *osis*, bei deren Aussprache so häufig gefehlt wird; vgl. §. 39.

Agrypnocōma (*lang*), soporöse Schlaflosigkeit; *αγρυπ-*

νοκωμα, von αγρυπνος, schlaflos, und κωμα, *coma*, die Schlafsucht. — Vergl. §. 7.

Φευγε μεθεις υπνου κωμα καταγρομενον. THEOCRIT.

Ajŭga (*kurz*), eine Pflanze; **chamaepitys**? *Voss* hält es für hergeleitet von **abĭga**, quia abigit partus. Daher auch die kurze Penultima.

Aizŏon (*lang*), das Immergrün, von αει, immer, und ζωον, lebend, dauernd; *sempervivum*.

Ανθρωπε, ζωης περιφειδεο, μηδε παρ' ωρην.
THEOCR. EPIGR.

Alcalĭnus (*kurz*), alkalisch, von *Alkali*; dieses von dem arabischen Artikel *al* und *kali*. — Ueber die Prosodie siehe **adamantĭnus** und §. 16. der Regeln.

Allantoīdes (*lang*), wurstähnlich, wurstförmig, von αλλας, αλλαντος, die Wurst, und ειδος, die Gestalt, Aehnlichkeit. Die Endung *ides* bedeutet fast stets in der ärztlichen Sprache die Aehnlichkeit mit einem Gegenstande.

Alcēa (*lang*), die Malve; αλκειη, die stärkende, helfende, von αλκη, die Kraft, wegen ihrer wohlthätigen Wirkungen so benannt. Vgl. §. 6.

Alŏe (*kurz*), die Aloe, αλοη, ein in etymologischer Hinsicht schwieriges Wort. Man leitet es von α privat. und λοω, λουω, waschen, ab, weil der Saft der Aloe nicht zum Waschen tauglich ist.

Ινδοιης αλοης δονακυτρεφες ερνος αρουρης. NONN.
Plus alŏes quam mellis habet, quin deditus autem.
JUVENAL. SATYR.

Alūmen (*lang*), der Alaun; einige leiten dieses Wort von *lumen* her, quod lumen praestat coloribus tingendis; *Kraus* will es von αλς, αλος, das Salz, wegen seiner salzartigen Natur deriviren. — Die Penultima der Wörter auf *umen* ist stets lang; z. B. legūmen, bitūmen. Vgl. §. 28.

Aut igitur tectum lana supponis alūmen. Q. SEREN.

Amarăcus (*kurz*), der Majoran, αμαρακος, von μαϱαινω, darren, weil es erst nach dem Trocknen einen angenehmen Geruch erhält. Vgl. in prosodischer Hinsicht §. 10.

Καϱπον αϱαιοτεϱης, μαλα δ' αν και αμαϱακος ειη.
NICAND. THERIAC.

Idaliae lucos, ubi mollis amarăcus illum. VIRGIL. AEN.

Amārus *(lang)*, bitter, vom hebräischen מר *(mar)*, welches dasselbe bedeutet. Die Penultima ist lang bei den Wörtern auf *arus;* sieh die Ausnahmen §. 17.

Nunc et amāra dies et noctis amārior umbra est.
TIBULL.

Amaurōsis *(lang)*, der schwarze Staar, also nicht amaurŏsis, wie man so oft hören muss; es heisst griechisch *αμαυϱωσις*, von *αμαυϱω*, ich verdunkele, verfinstere. S. über die Endung *osis* §. 39. der prosodischen Regeln. —

Amblyōpus *(lang)*, schwachsichtig; *αμβλυωπης*, stumpfsehend, von *αμβλυς*, schwach, schwankend, und *ωψ*, das Gesicht; daher *αμβλυωπεω*, ich sehe schlecht. — Vgl. §. 7.

Amōmum *(lang)*, der Name eines Gewürzes; *αμωμον*, von *α* privat. und *μωμον*, מום *(mum)*, der Fehler, der Tadel, ein tadelloses Gewürz; maculae expers. *Voss. etymolog. latin. Beckmann.* — Vgl. über die Prosodie §. 7.

Ταν ουδ' αν τις αμωμως επει χ' Ελενα παϱισωθη.
THEOCRIT.

Occidet. Assyrium vulgo nascetur amōmum.
VIRGIL. ECLOG.

Amphistŏma *(kurz)*, ein Eingeweidewurm mit Saugemündungen an beiden Seiten; *αφιστομα*, von *αμφι* und *στομα*, der Mund. Vgl. §. 42.

Πληϱες τοι μελιτος το καλον στομα, Θυϱσι, γενοντο.
THEOCRIT.

Amulētum *(lang)*, das Amulet, ein sympathetisches Mittel, nach *Voss.* von *amolior*, ich wende ab, entferne, sc. *periculum*, *morbos*, weil es vor Ungemach schützt. Die Penultima der Wörter auf *etum* ist lang, wie in acētum, tanacētum. Vergl. die prosodischen Regeln §. 31.

Amulēta gerit suspensa nec audet. M.

Amygdăla (*kurz*), die Mandel; *αμυγδαλη*, die Mandel, von *αμυχη*, der Riss, die Schrunde, von der Gestalt der Schalen hergenommen. Vgl. in prosodischer Hinsicht §. 9.

Τας του Διος βαλανους και αμυγδαλα σιγαλοεντα. HESYCH.

Amygdalĭnus (*kurz*), von Mandeln herrührend; emulsio amygdalĭna, von amygdala. Hinsichts der Prosodie vgl. adamantĭnus und §. 16. der Regeln.

Fertur amygdalĭnae succus nucis esse bibendus.

Q. SEREN.

Amȳlum (*kurz*), das Stärkemehl; *αμυλον*, von *α* privativum und *μυλη*, die Mühle, weil es nicht auf gewöhnlichem Wege in der Mühle bereitet wird.

Χειματος η νωδος καρυων, αμυλοιο παροντος. THEOCRIT.

Analȳsis (*kurz*), die Zerlegung, Analyse; *αναλυσις*, die Auflösung, von *ανα* und *λυω*, ich löse; *αναλυω*, ich löse auf. Vgl. §. 42.

Ειτιν᾽ εταροισι θανατου λυσιν, ηδ᾽ εμοι αυτω.

HOMER. ODYSS.

Anamnēsis (*lang*), die Anamnese, die Erinnerung an das Vergangene; *αναμνησις*, von *αναμιμνημι*, *αναμνησκω*, sich erinnern. — Nicht anamnĕsis; auch bei der Endung *esis* wird so häufig in der Prosodie gesündigt. Man beherzige doch den §. 37. der Regeln.

Anatŏmus (*kurz*), der Anatom, der Zergliederer, *ανατομος*, von *ανατεμνω*, ich zerschneide, zertheile. Vgl. in prosodischer Beziehung §. 42.

Ου τομος εκ πτερνης, ουχ᾽ ηπατα λευκοχιτωνα. HOMER.

Anchĭlops (*kurz*), das Augenwinkelgeschwür; *αγχιλωψ*, von *αγχι*, dicht, nahe bei, und *ωψ*, das Auge; nach meiner Meinung hat es den Namen davon, dass es sich dicht am Auge befindet, und nicht, wie *Kraus* will, weil es das Auge verengt.

Αντιλοχος δε μαλ' αγχι παριστατο ποιμενι λαων. HOMER.

Anchŭsa (*lang*), die Hundszunge; *αγχουση*, von *αγχουζω*, ich färbe, weil man sich damit das Gesicht schmückte, oder von *αγχω*, ich verengere, schnüre zusammen, weil die Pflanze zusammenziehende Bestandtheile enthält. — Vgl. §. 8.

Δη παρ οι' αγχουσης θριδακηιδα λαζεο χαιτην. NICANDER.

Anchylŏsis (*lang*), die Gelenksteifigkeit; *αγκυλωσις*, von *αγκυλος*, krumm, unbiegsam; *αγχυλοω*, krumm, ungelenkig machen. — Vgl. über die Prosodie §. 39.

Ancyloblephăron (*kurz*), die Verwachsung der Augenlieder, von *αγκυλος*, steif, aneinandergebogen, und *βλεφαρον*, das Augenlied. Vgl. §. 17.

Ραιονται, βλεφαρων δε μελαιν' εξεφθετο λαχνη.
NICAND. THER.

Ancўle (*kurz*), die Krümmung, Gliedersteifheit; von *αγκυλος*, gebogen, krumm.

Αγκυλοι εν γναθμοις δολιχηρεες ερριζωνται. NICAND. THER.

Androgўnus (*kurz*), das Mannweib, der Hermaphrodit, von *ανηρ*, *ανδρος*, der Mann, und *γυνη*, das Weib.

Vidit nubentem Plinius Androgўnum.
AUSON. EPIGRAMM.

Anemŏne (*lang*), die Anemone, von *ανεμος*, der Wind, weil sie als Märzblume vom Winde entblättert wird; nach *Plinius*, weil sie nur beim Wehen des Windes ihre Blüthen öffnen; mithin *ανεμωνη*, die Windblume. Vgl. §. 7. der Regeln.

Αλλ' ου συμβλητ' εν τι κυνοσβατος ουδ' ανεμωνα.
THEOCRIT.

Anĕthum (*lang*), der Dill; *ανηθον*, von *α* privat. und *νηθο*, häufen, weil es sich nicht häufeln lässt? —

Χλωραι δε σκιαδες μαλακω βριθουσαι ανηθω. THEOCRIT.

Aut illam pulsis tosti relevabit anēthi. Q. SEREN.

Angīna (*lang*), die Bräune, von *angeo*, ersticken; *αγχω*, verengern, *αγχι*, nahe bei, enge; daher Angst, *anxius*, *angustus*. Siehe prosod. Regeln §. 16.

Verum angīna sibi mistum sale poscit acetum. Q. Seren.

Anidrōsis (*lang*), das starke Schwitzen; *ανιδρωσις*, von *ανα* und *ιδροω*, ich schwitze.

Anĭmal (*kurz*), das Thier, von *anima*, *animus*, *ανεμος*, Hauch, Athem, Geist.

Anīsum (*lang*), der Anis; *ανισον*, von *ισος*, ähnlich, und dem *α* privat.; ein Gewürz ohne Gleichen, nach *Kraus*; nach Andern von der Unähnlichkeit des Samens so benannt.

Τον δε και ανισαιο το διπλοον αχθος αειρας.

Nicand. Alexipharm.

Emendat visum, stomachum confortat anīsum.

Schol. Salern.

Anodȳnus (*kurz*), schmerzlos, von Schmerzen befreiend, von *α* privat. und *οδυνη*, der Schmerz.

Εσσυται ακμητος και ανωδυνος· ουδε τι οι φλοξ.

Nicand. Theriac.

Anomălus (*kurz*), regelwidrig; *ανωμαλος*, von *α* privativum und *ομαλος*, ähnlich, normal.

Ου δ' ομαλον ποιησαν· εγω δ' εθοωσα παραστας.

Homer. Odyss.

Anonȳmus (*kurz*), namenlos; *ανωνυμος*, ohne Namen, von *α* privat. und *ονομα*, der Name.

Ου μεν γαρ τις παμπαν ανωνυμος εστ' ανθρωπων.

Homer. Odyss.

Anthĕlix (*kurz*), die Gegenkrümmung (des Ohres), die Gegenleiste (Sömmering), *ανθελιξ*, von *αντι* und *ελιξ*, die Krümmung, die Windung.

Ωρσεν απ' Αργειοισι, λεονθ' ως βουσιν ελιξιν.

Homer. Ilias.

Anthĕmis (*kurz*), die Chamille; *ανθεμις*, die Blume, von *ανθεω*, ich blühe, *ανθος*, die Blüthe. Ueber die prosodischen Verhältnisse vgl. §. 6.

Ανθεμ' ορειχαλκου χρυσου τε τιμηεντος.

Homer. in Aprodit.

Antidŏtum (*kurz*), das Gegengift, *αντιδοτον*, die Gegengabe, von *αντι*, gegen, und *διδωμι*, geben.

Dum coquis antidŏtum pyra sunt, sed cruda venenum.
SCHOL. SALERNIT.

Anthrax, anthrăcis (*kurz*), eine Beule, der Karbunkel; *ανθραξ*, *ανθρακος*, die Kohle; theils von der einer glühenden Kohle ähnlichen Röthe, theils wegen der, dem von einer brennenden Kohle herrührenden Schmerze ähnlichen Empfindung des Karfunkels. — In prosodischer Hinsicht muss ich bemerken, dass es anthrăcis und nicht anthrācis, wie man gewöhnlich hört, pronuntiirt wird. Vgl. §. 33.

Ανθρακιην στορεσας, οβελους εφυπερθε τανυσσε.
HOMER. ILIAS.

Anthropophăgus (*kurz*), der Menschenfresser; *ανθρωποφαγος*, von *ανθρωπος*, der Mensch, und *φαγω*, ich esse. Vgl. §. 42. der prosodischen Regeln.

Saevo anthropophăgus devorat ore viros. VIRGIL. AEN.

Anthrōpos (*lang*), der Mensch; *ανθρωπος*, von *ανω*, nach oben, und *θρεω*, *θεωρεω*, ich schaue. Mit Recht nennt daher *Sallust* die Thiere im Gegensatz zum Menschen prona, gebückt, zur Erde geneigt. — *Nur der Mensch wendet den Blick nach oben.* —

Ανθρωπους τινυσθον, οτις κ' επιορκον ομοσσῃ.
HOMER. ILIAS.

Antirrhīnum (*lang*), Löwenmaul; *αντιρρινον*, von *αντι*, gegen, und *ρις*, *ρινος*, der Mund, der Rachen; von der Gestalt der Blume hergenommen. Vgl. §§. 9. und 43.

Ρινα παρ' οφθαλμον, λευκους δ' επερησαν οδοντας.
HOMER. ILIAS.

Antisialagōgum (*lang*), ein Mittel gegen den Speichelfluss; *αντισιαλαγωγον*, speichelvermindernd, von *αντι*, gegen, *σιαλον*, der Speichel, und *αγω*, ich führe. Die Endung *agogum*, *αγωγον*, bedeutet in der medizinischen Terminologie stets: hervorbringend, befördernd.

Antitrăgus (*kurz*), der Gegenbock des Ohres, die Gegenecke, nach *Sömmering*, αντιτραγος, von αντι und τραγος, der Bock. Vgl. §. 9.

Αρνειους τε τραγους τε βαθειης εκτοθεν αυλης. Homer.

Apathĭa (*kurz*), der Stumpfsinn, Gleichgültigkeit; απαθια, die Gefühllosigkeit, von α privat. und πασχω, παθω, leiden.

Apĭum (*kurz*), der Eppich; der etymologische Ursprung des Wortes ist dunkel.

Inde comas apĭi graciles, rutamque rigentem. Virgil.

Arachnoïdes (*lang*), spinnenwebenähnlich, von αραχνη, *aranea*, die Spinne, das Spinngewebe, und ειδος, die Gestalt, Form. Vgl. §. 6.

Arbŭtus (*kurz*), die Sandbeere; scheint ein Diminutivum von *arbor* zu sein, also ein kleines Bäumchen, ein kleiner Strauch.

Surgat et in solis formosius arbŭtus antris.
Propert. Eleg.

Arcānum (*lang*), das Geheimmittel, entweder von *arceo*, ich halte ab, *arx*, *arcis*, die Burg, weil es einer festen Burg gleich das feindliche Uebel entfernt halte, oder von *arca*, der Kasten, weil die Geheimkrämer ihre Arkanen in Kästchen mit sich herumführen. — Die Penultima ist lang, wie in solānum, fontānus. Vgl. §. 15.

Ille velut fidis arcāna sodalibus olim. Horat. Sermon.

Archēus, Archaeus (*lang*), das Lebensprinzip des Helmont; αρχαιος, αρχεεις, von αρχω, ich entstehe, fange an, ich herrsche. Vgl. in prosodischer Hinsicht §. 6.

Αρχαιη Μετανειρα θεην δειδεκτο περιφρων.
Nicand. Alex.

Armĕnus (*kurz*), armenisch; bolus armĕna, der armenische rothe Bolus ist der beste.

Daphnis et armĕnias curru subjungere tigres. Virgil.

Arnĭca (*kurz*), das Wohlverleih, von αρην, αρνος, der Schafbock, weil es die Schafe gern essen, oder man hält es für verdorben aus ptarmĭca, von πταρνομαι, ich niese, weil die Arnika niesenerregende Wirkungen hat. Vgl. §. 11. der prosodischen Regeln.

Arōma (*lang*), das Gewürz; αρωμα, von αρω, ordnen, gefällig machen, vergnügen, wegen des Geruches und der wohlthätigen Wirkungen so benannt. Ueber die Prosodie des Wortes vgl. §§. 7. und 40. —

Arsenĭcum (*kurz*), der Arsenik; αρσενικον, αρρενικον, von αρρην, αρσην, männlich, stark, wegen der kräftigen, durchdringenden Wirkung dieses Mittels. — Andere leiten es von αρρην und νικη, der Sieg, her, weil es den Stärksten besiegt. Dann müsste die Penultima lang ausgesprochen werden. Ueber die Prosodie vgl. §. 11. der Regeln.

Arthrocăce (*kurz*), eine eigenthümliche Gelenkkrankheit, von αρθρον, das Glied, und κακος, schlecht, übel, Vgl. in prosodischer Hinsicht §. 42.

Νυν μεν δε μαλα παγχυ κακος κακον ηγηλαζει. Homer.

Arytaenoīdes (*lang*), giesskannenförmig; αρυταινωδης, von αρυταινα, die Giesskanne, und ειδος, die Gestalt, Aehnlichkeit. S. §. 6.

Asărum (*kurz*), der Haselwurz; ασαρον, der Fussteppich, von α privat. und σαρω, ich fege, weil die Pflanze deckenförmig sich über die Erde ausbreitet. Was die Prosodie betrifft, so ist zu bemerken, dass das Wort zu den Ausnahmen der Wörter auf *arus*, *a*, *um* gehört. Vgl. §. 17. Lang ist es im folgenden Verse:

Agaricum asărumque potens, aloën, aconiton.
Vindician.

Ascăris (*kurz*), der Springwurm, die Askaride; ασκαρις, von ασκαριζω, ich springe, hüpfe, ασκεω, ich bewege, daher Scaris, Scărus.

Nec scărus aut poterit peregrina juvare lagois. Horat.

Ascītes (*lang*), die Bauchwassersucht; ασκιτης, von ασκος, der Beutel, der Schlauch, weil das Wasser den Leib wie einen Schlauch füllt und ausdehnt. — Die Penultima ist lang wie in graphītes, haematītes. Vgl. §. 25. der Regeln.

Asparăgus (*kurz*), der Spargel; ασπαραγος, von α privativum und σπειρω, säen, weil er, ohne gesäet zu werden, wild wächst, *quia sponte crescit.*

> Ραμνον τ' ασπαραγους θαμνιτιδος, ηδ' οσα πευκει.
> NICAND. ALEX.
>
> Asparăgis, qua despiciat convivia caudis. JUVEN. SATYR.

Asphodĕlus (*kurz*), Goldwurz; ασφοδελος, der bei *Homer* oft vorkommt, heisst dort rasig, *Ernesti* übersetzt es mit *herbosus.*

> Θηρας ομου ειλευντα κατ' ασφοδελον λειμωνα. HOMER.
>
> Feras simul agitantem per herbosum pratum. ERNEST.

Astragălus (*kurz*), das Würfelbein, Sprungbein, von der Gestalt hergenommen; αστραγαλος, der Würfel. Vgl. in prosodischer Beziehung §. 9.

> Βομβυκα χαριεσσ' οι μεν ποδες αστραγαλοι τευ.
> TEHOCR. IDYLL.

Athēlus (*lang*), entwöhnt, nicht an der Mutterbrust genährt, ohne Brustwarzen, von α privat. und θηλη, die Brust, die Warze. Vgl. §. 6.

Atherōma (*lang*), die Breigeschwulst; αθηρωμα, von αθηρη, das Mehl, weil daraus Brei gemacht wird. Vgl. §. 40. der Regeln.

Atŏmon (*kurz*), das Atom; ατομον, das Untheilbare, von α privat. und τεμνω (τομω), ich schneide, zerlege.

> Parvarum serie constant connexa atŏmorum. AUSON.

Atrŏpa (*kurz*), das Tollkraut; ατροπα, von α privativum und τρεπω, wenden, lenken, weil sie unabwendbar ist (in ihren tödtlichen Wirkungen). *Linné* gab der so giftigen Pflanze den Namen der Furie.

Ζαλωτος μεν εμιν ο τον ατροπον υπνον ιαυων.

THEOCRIT. IDYLL.

Atrŏpos, et patrius lauros promisit Apollo. SIL. ITALIC.

Audītus (*lang*), das Gehör, von *audire*, hören, *αυδη*, der Laut, *auris*, das Ohr. Die Verbalia in *itus* der vierten Conjugation haben die vorletzte Sylbe lang; z. B. vagītus. Vgl. §. 30.

Ista gravare solent audītus ebrietasque. SCHOL. SALERN.

Autogŏnus (*kurz*), sich selbstzeugend; *αυτογονος*, von *αυτος*, selbst, und *γιγνω*, zeugen, hervorbringen; *γονος*, genus.

Τη μεν αρα προσεειπα Διος γονον υπιστοιο.

THEOCRIT. IDYLL.

Automătos (*kurz*), automatisch, sich selbst bewegend; *αυτοματος*, von *αυτος*, selbst, und *μαω*, *ματω*, *moveo*, *motus*, ich bewege.

Αυτοματος δε οι ηλθη βοην αγαθος Μενελαος. HOMER.

Avēna (*lang*), der Hafer; *Voss* leitet es von *aveo*, begierig sein, her, quia avide a bobus expetitur, weil das Vieh es begierig verlangt. Die Penultima ist lang, wie in arēna, catēna u. s. w.

Infelix lolium et steriles dominantur avēnae.

VIRGIL. GEORG.

Axungĭa (*kurz*), das Fett, von *axis* und *unguere*, schmieren, also Achsen-, Wagenschmiere; *axis*, von *ago*, *αγω*, bewegen, treiben.

Queis vetus et rancens sociari axungĭa debet. Q. SEREN.

Azўgus (*kurz*), unpaarig; *αζυγος*, nicht zusammengejocht, von *α* privat. und *ζυγος*, *jugum*, das Joch. — Vena azўgos, die vereinzelte unpaarige Blutader.

Καλη, δαιδαλεη, επι δ' αργυρεος ζυγος ηεν. HOMER.

B.

Baccĭfer (*kurz*), beerentragend, von *bacca*, die Beere, und *fero*, ich trage.

Balănus (*kurz*), die Eichel; *βαλανος*, von *βαλλω*, ich werfe, weil sich Eicheln gut zum Werfen eignen. Die Penultima ist kurz, als Ausnahme der Wörter auf *anus*. Vergl. §. 15.

Τας του Διος βαλανους και αμυγδαλα σιγαλοεντα. HESYCH.

Pressa tuis balănus capillis. HORAT. CARM.

Balnĕum (*kurz*), das Bad; balinĕum, *βαλανειον*, trotz der deutlichen Abstammung aus dem Griechischen, *βαλανειον*, wird die vorletzte Sylbe doch von den lateinischen Dichtern kurz gebraucht nach der Regel: *vocalis ante vocalem brevis est.*

Frigus collegit, furnos et balnĕa laudat. HORAT. EPIST.

Ballōta (*lang*), stinkender Andorn; *βαλλωτη*, von *βαλλω*, werfen, vertreiben; weil sie durch ihren Gestank zurückstossend ist; oder von *ους, ωτος*, das Ohr, und *βαλλω*, werfen, legen; weil sie als Ohrmedikament oft in die Ohren gelegt wurde.

Balsamĭna (*kurz*), Balsamine, *βαλσαμινη*, von *balsamus*, entweder wegen des balsamischen Geruches, oder ihrer einem Wundbalsam ähnlichen Kräfte. Die vorletzte Sylbe ist kurz, wie die aller Adjectiva auf *inus*, die aus leblosen Dingen gebildet sind, z. B. cannabĭnus, von cannabis; citrĭnus, von citrus u. s. w. Vergl. §. 16.

Balsamĭnum Jerichus succum, qua pinguibus estque.

FILOL.

Balsămum (*kurz*), der Balsam, *βαλσαμον*, von dem hebräischen בל (*baal*), der Herr, und שמן (*Schemen*), Oel; *princeps oleorum?* Mir scheint es eher von בשם (*basam*), Gewürz, בשמים (*basamim*), die Gewürze, herzukommen; vielleicht steht auch **Bisam** hiermit in Verbindung?

Balsămaque et semper frondentis baccas acanthi. VIRGIL.

Bei *Nicander* und anderen griechischen Dichtern finden wir die Penultima lang:

Σπερματα βαλσᾱμον τε και εν κιναμοιο βαλεσθαι.

NICANDER.

Bardāna (*lang*), filzige Klette; es soll von *Bardus*, der Barde, Sänger, hergeleitet werden, weil die alten Barden ihr Gesicht mit dem Safte der Bardāna bestrichen (schminkten); daher der Name *personata*, bei den Griechen προσωπον. Die Wortbildung geschah nach der Analogie: primus, primāna; quintus, quintāna; Bardus, Bardāna. Vergl. *Borrich, Beckmann.* Vergl. §. 15.

Barometrum (kurz), das Barometer; βαρομετρον, der Schwer- (der Luft-) Messer, von βαρυς, schwer, und μετρον, das Maass. In der Prosa macht *muta cum liquida* (hier *tr*) die Sylbe kurz; nur bei den Dichtern findet man sie bisweilen lang. Vergl. §. 5.

Baryta (*lang*), der Baryt; βαρυτης, die Schwererde, von βαρυς, schwer; die Endung *ytes* ist lang, z. B. troglodȳtes.

Benzŏe (*kurz*), das Benzoeharz; ein etymologisch unbekanntes Wort, die vorletzte ist kurz, nach der Regel: *vocalis ante vocalem brevis.* Vergl. §. 4.

Berbĕris (*kurz*), die Berberitze, βερβερις, βερβερης (neugriechisch); die Penultima ist hier kurz nach der Analogie: *verbĕris.*

Betonĭca (*kurz*), die Betonie, Vettonica, ουεττωνικη, nach *Plinius* kommt dieses Wort von den Vettoniern, einem Volke des alten Spaniens. Ueber die Quantität der Penultima vergl. §. 11.

Betonĭcam ex parvo sumunt plerique Lyaeo. Q. SEREN.

Betŭla (*kurz*), die Birke; die vorletzte Sylbe ist wie bei allen deminutiv auf *ulus* gebildeten Wörtern kurz. Vergl. §. 20.

Bicŏlor (*kurz*), zweifarbig, von *bis*, zweimal, und *color*, die Farbe. Vergl. in prosodischer Hinsicht §. 42.

Myrtea silva subest bicolōribus obsita baccis. OVID.

Biflōrus (*lang*), zweiblumig, von *bis*, zweimal, und *flos*, *floris*, die Blume. Das Adjectivum folgt hier der Prosodie der Declination des Substantivs.

Ver praebet flōres, igne levatur hiems. OVID.

Bilŏbus (*kurz*), zweilappig, von *bis* und λοβος, lŏbus, der Lappen; *Kraus* leitet lobus von λαμβανω, nehmen, greifen, ab, also λοβος, was sich leicht fassen lässt. Vergl. §. 42.

Πολλακι δ' εν και σπερμα, τοτε λοβος αμφις αεξει.

NICAND.

Bioscŏpe (*kurz*), die Lebensprüfung, d. h. die Prüfung der Lebensfähigkeit, βιοσκοπη, von βιος, das Leben, und σκοπη, das Sehen, Untersuchen.

Α τοι ταν οιων επεται σκοπος· α δε βυνοδει. THEOCRIT.

Bitūmen (*lang*), Erdharz, nach *Voss* von πιττα, *pix*, Pech; πιττωμα; hiermit würde dann pituita, der Schleim, in Verbindung stehen. Die Penultima ist lang nach der Analogie legūmen, alūmen. Vergl. §. 28.

Scillamque, Elleborosque graves, nigrumque bitūmen.

VIRGIL.

Blastēma (*lang*), der Keim; βλαστημα, von βλαστη, der Sprössling.

Η μην πουλυγονοιο τοτε βλαστηματ' αρηξει.

NICAND. ALEX.

Blephăron (*kurz*), das Augenlied, βλεφαρον, von βλεπω (βλεφω), ich sehe. — Die Penultima ist kurz, als Ausnahme der Wörter auf *arus*, *ara*, *arum*. Vergl. §. 17.

Ραιονται, βλεφαρων δε μελαιν' εξεφθιτο λαχνη.

NIC. THER.

Bismūthum (*lang*), der Wismuth. Bei fehlenden etymologischen Verhältnissen muss die Penultima lang gesprochen werden, wie in cornūtus, ablūtus, hirsūtus.

Bolētus (*lang*), der Löcherpilz, βολιτος, von βαλλω, ich werfe; βολιτος heisst der Koth des Viehes; *bolus*, alles, was sich zum Werfen eignet. Nach der Herleitung von βολιτος sollte die Penultima kurz sein, doch die Römisch. Dichter haben sie lang.

Bolētus domino, sed qualem Claudius edit.

JUVEN. v. 147.

Botanĭce (*kurz*), die Kräuterkunde, Botanik, βοτανικη

sc. τεχνη, von βοτανη, die Pflanze, das Kraut. Die auf *icus*, (*ica*, *ice*) gebildeten Wörter haben die vorletzte kurz; z. B. physĭce, logĭce etc. Vergl. über die Ausnahmen §. 11.

Botriocephălus (*kurz*), der Grubenkopf, ein Eingeweidewurm, von βοτριον, die Grube, und κεφαλη, der Kopf, weil er am Kopfe zwei bis vier Grübchen hat. Vergl. §. 42.

Μεσσῃ δ' εν κεφαλῃ φυεται πεδοεσσα μολοβρη. Nicand.

Botrĭon (*kurz*), Hornhautgeschwür, βοτριον, die Grube, weil es Vertiefungen in der Cornea hervorbringt.

Brachiālis (*lang*), zum Arme gehörig, von brachium, der Arm, dieses von βραχυς, kurz, weil der Arm kürzer ist, als der Schenkel. Die Adjectiva auf *alis* haben die vorletzte Sylbe lang, z. B. nasālis, dorsālis. Vergl. §. 13.

Branchopŏdes (*kurz*), Fussflosser, von βραγχος, die Fischkieme, und πους, ποδος, der Fuss. Vergl. §. 42.

Ταν εδραν δ' εκυλισσεν υπ' εκ ποδος ηδ' εκρημασθη.
Theocrit.

Bractĕa (*kurz*), das Nebenblatt, eigentlich ein Metallblech, von βραζω, ich raschle; in dem hier citirten Verse passt das *crepitare* sehr gut zu **bractĕa**. Vergl. §. 4.

Ilice sic leni crepitabat bractĕa vento. Ovid.

Bucephălus (*kurz*), der Ochsenkopf (ein Eingeweidewurm), von βους, der Ochse, und κεφαλη, der Kopf (von der Aehnlichkeit). Vergl. §. 42.

Και μ' απο τας κεφαλας ποτι τω ποδε συνεχες ειδεν.
Theocrit.

Bucĕras (*kurz*), der Hornvogel, von βους, der Ochse, und κερας, das Horn.

Αλλοτε βουκεραος χιληγονου, ορρα κεραιας. Nicand. Alex.

Bulīmus (*lang*), der Ochsenhunger; βουλιμος, von βους, der Ochse, und λιμος, der Hunger. Die Talmudisten haben das Wort ins Hebräische hinübergenommen: בולמוס (*bulmus.*)

Βουλιμος ιστ' ανθρωποις, οτι βουλει· λεγε. ALEX. AP. ATH.

Buphăga (*kurz*), der Ochsenhacker (ein Vogel), von *βους*, der Ochse, und *φάγω*, ich esse; weil er das Vieh quält, indem er deren Ungeziefer verfolgt. Vergl. §. 42.

Ημος οταν σκιρωσι βοες καυλεια φαγουσαι. NICAND.

Butŏmus (*kurz*), der Butom, von *βους* und *τεμνω* (*τομος*, tomus), ich schneide, weil das Vieh diese Pflanzen gern frisst, *quia avide a bobus expetitur. Voss. etymol.*

Ενθεν βουτομον οξυ βαθυν τεταμοντο κυπειρον. THEOCRIT.

Sed jam prototŏmas tempus decidere caules. COLUMELL.

Butȳrum (*lang*), die Butter, *βούτυρον*, Kuhkäse, der bei den Alten eher in Gebrauch war, als die Butter, von *βους*, das Rind, und *τυρος*, der Käse, das coagulum. — Man findet dieses Wort auch in manchen Dichtern mit kurzer Penultima. *Τυρος* von *τερω*, tero, ich reibe.

Leniter humectat solvit sine febre butȳrum. SCHOL. SAL.

Kurz steht die Penultima bei *Aemilius Macer de' herb.*

C.

Cacogenĕsis (*kurz*), die Missbildung, von *κακος*, schlecht, und *γενεσις*, die Zeugung, Bildung.

Ιπποι γαρ σφηκων γενεσις, ταυροι δε μελισσων. NICAND.

Cadāver (*lang*), der Leichnam, von *cadere*, fallen, was todt zur Erde gefallen ist. Von Viehleichen braucht bekanntlich der Deutsche auch das Wort *fallen*, das *Gefallene.*

Et testamento sic est elata, cadāver. HOR. SERM.

Cadūcus (*lang*), hinfällig, fallend, von *cadere*, fallen; morbus cadūcus, die Epilepsie.

Qui primi fuerint pullo crescente cadūci. Q. SEREN. 1041.

Calamĕdon (*lang*) ein schräger Knochenbruch, von *calamus*, wegen der Aehnlichkeit mit einer Schreibfeder.

Calămus (*kurz*), der Kalmus, *καλαμος*, das Rohr, der Helm.

> *Αιθριος εν καλαμῃ στορεσας ακρεσπερος ευδης.* NICAND.
> Nec non et calămi radix lapathique legumen. Q. SEREN.

Calcarĕa (*kurz*), die Kalkerde, von *calx*; die Penultima ist kurz, weil *vocalis ante vocalem brevis*. Vergl. §. 4.

Calcŭlus (*kurz*), der Stein, Diminutivum von *calx*. Vergl. §. 20.

> Est eboris, nec tesselae, nec calcŭlus ex hac. JUVEN.

Calŏmel (*kurz*). Sollte es nicht mit eben dem Rechte, wie es von *καλος* und *μελας* hergeleitet wird, von *καλος* und *μελι* (*mel*, der Honig), wegen seines süssen Geschmacks derivirt werden können?

Calomĕlas (*kurz*), das versüsste Quecksilber, von *καλος*, schön, und *μελας*, schwarz, weil ein schwarzes Pulver in ein weisses übergeht? Vergl. *Calomel*.

> *Σηπεδονος· νεμεται δε μελας ολοφωϊος ιος.* NIC. THER.

Cammărus (*kurz*), der Meerkrebs, auch eine Pflanze, *καμμαρος*. Die Penultima ist ausnahmsweise kurz. Vergl. über *arus*, *ara*, *arum* §. 17.

> Sed tibi dimidio constrictus cammărus ovo.
> JUV. SATYR. V.

Campanŭla (*kurz*), Glöckchen, die Glockenblume, Diminutivum von *campana*, die Glocke; dies soll daher abstammen, dass zuerst in der Kirche zu Nola in Campanien Glocken geläutet wurden. Vergl. §. 20.

Camphŏra (*kurz*), der Kampher, bei neueren griechischen Schriftstellern heisst er *καμφορα*, daher die Penultima kurz.

Cannabĭnus (*kurz*), aus Hanf, von *cannabis*. Die Penultima ist hier kurz, weil das Wort von etwas Leblosem herrührt. Vergl. §. 16.

> Cannabĭnas nutrit silvas, quam commoda nostro.
> GRATIUS 47.

Cannabis (*kurz*), der Hanf, *κανναβις*, *καννaβος*.

Tun' mare trasilias? tibi torta cannăbe fulto.

PERS. v. 136.

Canthăris, cantharĭdis (*kurz*), die spanische Fliege, *κανθαρις*, *κανθαρος*, ein Käferchen.

Μη μεν κανθαριδος σιτηβορον ευτ' αν οδωδη.

NICAND. ALEXIPH.

Canthărĭdum succos dante parente bibat. OVID.

Canthītis (*lang*), die Augenwinkelentzündung, von *κανθος*, der Winkel, der Augenwinkel. Die Endung *itis* ist stets lang. Vergl. §. 26.

Caprifīcus (*lang*), der wilde Feigenbaum, von *carpo* und *ficus*, ein Feigenbaum, der sich an die Wände rankt, schlingt, *ficus*, *qui parietes carpit*. Ueber die Prosodie des Wortes siehe §. 43.

Innata est, rapto jecore exierit caprifīcus. PERS. SAT. II.

Caprīzans (*lang*), hüpfend; pulsus caprīzans, von *caper*, der Bock, *caprizare*, hüpfen, springen. Die Penultima ist lang ex positione, weil *z* ein Doppelconsonant ist. Vergl. §. 5.

Capparis (*kurz*), die Kaper. Die Blüthenknospen der Pflanze in Essig eingemacht, werden als Gewürz benutzt.

Cappărin et putri cepas alece natantes. MART.

Capsĭcum (*kurz*), die Beissbeere, von *capsa*, der Beutel, wegen der beutelförmigen Beeren so genannt; *Actuarius* nennt es *καψικον*, von *καπτω*, ich beisse?

Cardamōmum (*lang*), der Kardamom, von *καρδια*, das Herz, oder *καρη*, der Kopf, und amōmum, d. h. ein Gewürz, das dem Kopf oder dem Herzen gut thut. Vergl. amōmum.

Cardiăcus (*kurz*), Herz oder Magen betreffend, von *καρδια*, das Herz.

Non est cardiăcus, Craterum dixisse putato. HOR. SATYR.

Cardiŏdȳne (*kurz*), der Magenschmerz, Magenkrampf,

von *καρδια*, *cardia*, der Magen (das Herz), und *οδυνη*, der Schmerz.

Δειξεν ταν οδυναν, και μεμφετο οττι γε τυτθον. Theocr.

Cardŭus (*kurz*), die Distel; die Ableitung ist dunkel; die Penultima ist kurz nach der Regel: *vocalis ante vocalem brevis.* Vergl. §. 4.

Cardŭus; intereunt segetes: subit aspera silva.

Virgil Georg.

Carthămus (*kurz*), Saflor; *καρθαμος*, hebr. קרטמי (*karthami*); andere glauben es von *καθαιρειν*, reinigen, herleiten zu können. Die vorletzte ist kurz, nach der Analogie von balsămus, cardămus u. s. w.

Carĭca (*kurz*), die Feige, eigentlich die Carische, weil die besten Feigen aus Carien kommen, also: ficus carĭca. Die Adjectiva in *icus*, *ica*, *icum* haben die vorletzte kurz. Vergl. Hinsichts der Ausnahmen §. 11. der prosodischen Regeln.

Hic nux, hic mixta est rugosis carĭca palmis.

Ovid. Metam.

Carnivŏrus (*kurz*), fleischfressend, von *caro*, das Fleisch, und *voro*, ich verschlinge, verzehre.

Cassĭa (*kurz*), die Zimmetkassie, von dem hebräischen קציעה (*k^a zia*), *kassia.*

Carōta (*lang*), die Karotte, von *καρη*, der Kopf, *καροω*, betäuben, wegen der narkotischen Wirkungen ähnlicher Wurzeln?

Castorĕum (*kurz*), das Bibergeil, *καστοριον*, von *castor*, der Biber.

Castorĕas siliquas bis sex perquirere cura. Q. Seren.

Catablēma (*lang*), eine Binde, von *καταβαλλω*, umwerfen, anlegen; *καταβλημα*, das Umgelegte, Umgebundene.

Catamēnes (*lang*), die monatliche Reinigung, *καταμηνες*, von *κατα* und *μην*, *μηνος*, der Monat.

Ουδ' Οδυσευς, εκατον τε και εικατι μηνας αλαθεις.

Theocr.

Catapetălus (*kurz*), mit bleibendem Blumenblatt, von κατα und πεταλον, das Blatt, Blumenblatt.

Συμμιγδην πεταλοισι μελισσοβοτοιο δασειης. Nic. Ther.

Cathĕter (*kurz*), der Katheter; καθετηρ, von καθιημι, ich lasse ein; auch bei diesem Worte hört man oft durch Producirung der vorletzten eine prosodische Sünde. Vergl. §. 6.

Centaurēa (*lang*), Tausendgüldenkraut; κενταυρειη, entweder von den Centauren herzuleiten, oder von *centum*, hundert, und *aurum*, Gold, dem Deutschen ähnlich und seinen grossen Werth in Krankheiten bezeichnend.

Cecropiumque thymum et grave olentia Centaurēa.
Virgil. Georg IV.

Cephalozōon (*lang*), das Kopfthier, von κεφαλη, der Kopf, und ζωον, das Thier.

Ζωα νεον θορνυντα και ενθορα τοιαδε βαλλοις. Nic. Ther.

Cephalopŏdes (*kurz*), Kopffüssler, von κεφαλη und πους, ποδος.

Cerăsus (*kurz*), die Kirsche, κερασος; nach *Kraus* müsste man es von κερας, das Horn, wegen des hornartigen Aussehens der meisten Kirschen, ableiten.

Εν κελεβη, κερασαι δε συν οξει, πολλαχι δ' οινη.
Nic. Ther.

Ut cerăsis ulmisque etiam Parnasia laurus. Virg. Georg.

Ceratōma (*lang*), der Hornauswuchs; κερατωμα, von κερας, das Horn. Vergl. §. 40. der Regeln.

Cerĕbrum (*kurz*), das Gehirn, von καρη, der Kopf. Es wird wegen der Regel mut. cum liquida in der Prosa kurz gebraucht. Auch bei Dichtern ist es nur ausnahmsweise lang.

Putidius multo cerĕbrum est, mihi crede Perilli. Horat.

Cercopithēcus (*lang*), der Schwanzaffe, von κερκος, der Schwanz, und πιθηκος, der Affe.

Effigies sacri nitet aurea Cercopithēci. Juven.

Cervix, cervīcis (*lang*), der Nacken. Die Penultima

ist lang, weil sie zu den Ausnahmen der Genitivi auf *icis* gehört. Vergl. §. 32.

Humano capiti cervīcem pictor equinam.

HORAT. DE ARTE POET.

Chaetŏdon (*lang*), der Klippfisch, von χαιτη, das Haar, und οδους, der Zahn, wegen der borstenähnlichen Zähne. Vergl. Leontŏdon.

Chamaepĭtys (*kurz*), eine Pflanze, etwa Erdfichte; χαμαι, zur Erde, und πιτυς, die Fichte, daher sie bei den Alten schon *humilis pinus* genannt wurde. *Becmann.*

Η χαμαιπιτυος βλαστημονος αμμιγα κωνοις.

NICAND. ALEX.

Chalāza (*lang*), das Hagelkorn, von χαλαειν, χαλαζειν, hageln. Die Penultima ist lang wegen des Doppelkonsonants *z*. Vergl. §. 5.

Κοπτομενη πνοιας τε και αρρηκτοισι χαλαζαις. THEOCR.

Chemōsis (*lang*), die Augenentzündung; χεμωσις, von χεω, ich giesse, weil Alles dann wie unter einander gegossen erscheint. Vielleicht von der bedeutenden Thränen- und Schleimabsonderung?

Chirăgra (*kurz*), die Handgicht; χειραγρα, eigentlich die Handfessel, von χειρ, die Hand, und αγρα, der Fang, das Ergreifen. Sollte *aeger*, krank, vielleicht aus derselben Quelle kommen? —

Scurra Volanerius, postquam illi justa chīrăgra.

HOR. SERM.

Sed nil patrono porrigit, haec chirăgra est. MARTIAL.

Nur bei Dichtern ist die Penultima lang, in der Prosa kurz, nach der Regel *muta cum liquida*. Vergl. §. 5.

Chlorētum (*lang*), das Chloret, ein Chlor-Präparat, von χλωρος, wie Jodētum gebildet, nach der Analogie von quercētum, daher die vorletzte Sylbe lang. Vergl. §. 31.

Chlorōsis (*lang*), Bleichsucht; χλωρωσις, von χλωρος, grüngelb, weil die daran Leidenden eine solche Gesichtsfarbe haben.

Choănae (*kurz*), die Choanen; *χοαναι*, die innere Mundöffnung der Nase, von *χεω*, ich giesse. Vergl. §. 15.

Φυσαι δ' εν χοανοισιν εεικοσι πασαι εφυσων. HOMER.

Choledŏchus (*kurz*), Galle aufnehmend, Galle führend, *χοληδοχος*, nämlich *ductus*, der Gang, Weg, von *χολη*, die Galle, und *δεχομαι*, ich nehme, nehme auf.

Cholĕra (kurz), die Brechruhr; *χολερα*, die Dachrinne, von den heftigen Ausleerungen so benannt; andere leiten es von *χολη*, die Galle, und *ρεω*, ich fliesse, her, daher Gallenruhr; dann würde es aber wohl *χολεῤῥοη*, cholerrhoë heissen müssen. Eine Spielerei der neuesten Zeit lässt es von חולה (*chole*), die Krankheit, und רע (*ra*), böse, kommen, also morbus perniciosus, als welche sie sich uns leider gezeigt hat.

Noxia sis penitus cholĕram saevire venena. Q. SEREN.

Chondrōma (*lang*), die Verknorpelung, *χονδρωμα*, von *χονδρος*, der Knorpel.

Chrysanthĕmum (*kurz*), Goldblume, von *χρυσον*, das Gold, und *ανθεμον*, die Blume, wegen der goldigen Blüthe. Vergl. §. 6.

Chorēa (*lang und kurz*), der Tanz, St. Viti, Veitstanz; *χορειη*, von *χωρος*, der Chor, der Tanz, Reigen. Bei lateinischen Dichtern ist die Penultima anceps.

Ad numerum motis pedibus duxere chorēas. OVID.
Pars pedibus plaudunt chorĕas et carmina dicunt. VIRGIL.

Chrysoprăsus (*kurz*), der Chrysopras, ein Edelstein, von *χρυσος*, das Gold, und *πρασον*, der Lauch, wegen der lauchgrünen Farbe.

Chylorrhŏë (*kurz*), der Ausfluss von Speisesaft, die Milchruhr; *χυλοῤῥοη*, von *χυλος*, der Saft, die Flüssigkeit, der Chylus, und *ρεω*, ich fliesse.

Chrysolĭthus (*kurz*), der Chrysolith, ein Edelstein, von *χρυσος*, Gold, und *λιθος*, der Stein. Vergl. §. 42. der Regeln.

Ο δε χρυσολιθῳ δεμας αυτην Εικελος εις ιδειν. LITH. 29. 3.
Auro Chrysolĭthus micat et scintillat ut ignis.
MARBOD DE GEMMIS.

Chrysochlōrus (*lang*), goldgrün, goldgelb, von χρυσος, Gold, und χλωρος, gelblich. Vergl. §. 43.

Χλωροισι πεταλοισιν κατηρεφεες κομοωσαι. THEOCRIT.

Cicatrix, cicatrīcis (*lang*), die Narbe, entweder von κικυω, ich bin stark, κικος, die Kraft, oder von *caeco*, ich verschliesse. *Isidor; Voss etymol.* Vergl. in prosodischer Hinsicht §. 32.

Facta cicatrīcem ducere nostra sine.
OVID TRIST. XI. 66.

Cicāda (*lang*), die Heuschrecke; originell ist die Ableitung von κικ αδων, kik singend, schreiend.

Dumque thymo pascentur apes, dum rore cicādae. VIRGIL.

Cichŏra (*kurz*), die Cichorie, κιχορα, eigentlich Cichorea, κιχορεια.

Me Cichŏrea levesque malvae. HORAT. CARM.
Κιχορα καρδαμεδας τε και ωἱ περσεων επουσιν.
NIC. ALEX. 429.

Doch findet sich auch bei *Theophrast* und andern κιχωρη und κιχωριον.

Cicūta (*lang*), der Schierling. Etymologie dunkel.

Et dare mista vino tristis aconita cicūtis.
OVID DE ARTE AMAND.

Cinăra (*kurz*), die Artischocke, auch Cynara, κιναρα, von der Insel Cinara im Aegeischen Meere? — Ueber die prosodischen Verhältnisse der Endung *arus*, *a*, *um* vergl. §. 17. der Regeln.

Hispida ponatur cinăra, quae dulcis Jaccho. COLUM.

Cinnabăris (*kurz*), Zinnober, κινναβαρις, κινναβαρι. *Plinius XXXIII.*, 7.

Sunt igitur styracem inprimis cinnabărimque.
FRACAST. SYPHIL.

Cinnamōmum (*lang*), der Zimmet, κινναμωμον, קנמן (*kinnamon*), bei der deutlichen Abstammung aus dem

Hebräischen dürfte die Ableitung von *κινεω*, bewegen, welche *Kraus* giebt, wohl überflüssig sein.

Ηλθον φυλλα φεροντες ακηρασιων κιναμωμον. DION.

Citrĭnus (*kurz*), von Citronen, gelb, von *citrus*, die Citrone. Die Penultima ist kurz, weil das Wort von etwas Leblosem herrührt. Vergl. §. 16.

Citrātus (*lang*), von Citronen, von Citronensäure, ein aus einem nicht üblichen Verbo *citrare* gebildetes Participium; nach der Analogie rosatus, saponatus u. s. w.

Cirsocēle (*lang*), der Krampfaderbruch, von *κιρσος* und *κηλη*, die Geschwulst.

Clemătis (*kurz*), die Waldrebe, *κληματις*. Vergl. §. 6.

Ιωμεν επι τας κληματιδας, ω Μανια. THERM. 735.

Clitŏris (*kurz*), die Klitoris, der Kitzler, *κλειτορις*, von *κλειτοριζειν*, kitzeln, oder *κλειω*, *κλειζω*, ich schliesse, verschliesse. Vergl. in prosodischer Hinsicht §. 7.

Cloāca (*lang*), der Kloak, von *κλυω*, *κλυζω*, ich reinige, colluo, ich wasche ab, ich fliesse ab, daher colluāca und zusammengezogen cloāca. Die vorletzte Sylbe ist bei den Wörtern auf *acus*, *a*, *um* lang; z. B. pastināca, Guajācum, portulāca. Vergl. §. 10.

Illud idem in rapidum flumen jaceretne cloācam. HOR.

Clymĕnum (*kurz*), botanisch; *κλυμενη*. Nach *Plinius* hat die Pflanze von einem Könige *Clymenes* den Namen erhalten.

Inter quas curam Clymĕne narrabat inanem.

VIRGIL GEORG.

Clyster, ēris (*lang*), das Klystier; *κλυστηρ*, *κλυστηρος*, von *κλυω*, *κλυζω*, ich wasche aus. §. 6.

Πολλακι δ' εν κλυστηρι νεον γλαγος οιος αμελξας.

NIC. ALEX.

Coccyx, coccȳgis (*lang*), der Kuckuk, *κοκκυξ*, *κοκκυγος*, Cucūlus; daher: os coccȳgis, nicht coccy̆gis. Ich begreife nicht, wie dieser grosse prosodische Fehler fast allgemein begangen und selbst in vielen Lexicis übersehen werden konnte.

Η αυτους κοκκυγας ερινάδος, οι τε προς αλλης.
Nic. Ther.

Cochlĕa (kurz), die Schnecke; κοχλος, concha. Vergl. §. 4. der Prosodie.

Sed cochlĕas prius est urtica aut furfure pasci. Q. Seren.

Cochlĕar (*kurz*), der Löffel, von *cochlea*, die Schnecke, die Muschel, wegen der muschelähnlichen Form des Löffels. Die vorletzte ist kurz nach der Regel: *vocalis ante vocalem*. Vergl. §. 4.

Sed cochlĕar trinum gustu tibi sufficit uno. Q. Seren.

Coeliăcus (*kurz*), die Unterleibshöhle betreffend, von κοιλον, die Höhle. Die Penultima ist kurz wie bei allen Endungen auf *iacus*; z. B. cardiacus, phthiriacus, psoriacus u. s. w. Vergl. §. 10.

Coenaesthēsis (*lang*), das Gemeingefühl, κοιναισθησις, von κοινος, allgemein, und αισθανομαι, ich nehme wahr, ich empfinde, ich fühle. — Nicht coenaesthĕsis, wie man so oft hört. Vergl. §. 38.

Colchĭcum (*kurz*), die Zeitlose, κολχικον. Die Pflanze wuchs nach *Dioscorides* in Colchis sehr häufig, daher der Name. Vergl. §. 11. der prosodischen Regeln.

Colcōthar (*lang*), Todtenkopf, die bei der Bereitung der Schwefelsäure zurückbleibende Masse. Bei den Arabern hiess das Wort khoľkhōttar. *Borrich lingu. Pharmac.* Auch nennt man es caput mortuum.

Colĭca (*kurz*), die Kolik, der Darmenschmerz, κωλικη sc. οδυνη, von κωλον, der Grimmdarm. Vergl. §. 11. der prosodischen Regeln.

Spasmus, hydrops, colĭca et vertigo; hoc res probat ipsa.
Schol. Sal.

Colŭber (*kurz*), die Schlange, von *colo*, ich bewohne, *quia incolit nemora*, weil sie im Walde haust?

Aut tecto adsuetus colŭber succedere et ubrae.
Virg. Georg.

Comēdo (*lang*), **comedŏnis** (*kurz*), der Mitesser, von *con*, *cum*, mit, und *edo*, ich esse. — Nicht comedōnes!!! —

Comoedi, scenam, comēdŏnes, quaerite coenam. *Denkvers.*

Concăvus (*kurz*), konkav, hohl, von *con*, *cum*, und *căvus*, hohl; *cavus* soll von *χαος*, wüst, leer, hohl zu deriviren sein. *Voss etymol.*

Inter continuos cruratur concăva montes.

CALPURN. SICUL.

Conchȳle (*lang*), die Conchylie, das Muschelthier, von *concha*, *κογχη*, die Schale, Muschel.

Tincta tegit roseo conchȳlis purpura fuco. CATULL.

Condītum (*lang*), das Eingemachte, von *condire*, einmachen. Die Penultima ist lang, da das Wort von einem Verbo der 4ten Conjugation gebildet ist. Vergl. §. 30.

Dulcia tum prosunt, acri condīta sapore. CAMERAR.

Condylōma (*lang*), die Feigwarze; *κονδυλωμα*, von *κονδυλος*, bei *Celsus* eine Erhabenheit (*tuberculum*) am After. Vergl. §. 40.

Condȳlus (*kurz*), der Gelenkknopf, *κονδυλος*, der Knopf, Knorren, Fortsatz, von *κονδος*, ein rundlicher Gegenstand. Vergl. *Kraus.*

.... tibia parvi condȳli. MARTIAL.

Conifĕrus (*kurz*), doldentragend, von *conus*, der Kegel, und *fero*, ich trage. Vergl. in prosodischer Beziehung §. 42.

Aëriae quercus, aut conifĕrae cyparissi. VIRGIL.

Conīum (*lang*), der Schierling; *κονειον*, von *κοναω*, ich drehe, weil es Schwindel verursacht. Vergl. §. 6.

Και τε συ κωνειον βλαβοεν τεκμαιρεο πωμα. NIC. ALEX.

Consolĭda (*kurz*), eine Pflanze, von consolĭdo, ich befestige, heile, *a conglutinandis sive consolidandis vulneribus. Plinius*, *Becmann*, *Borrich.*

Convolvŭlus (*kurz*), die Winde, von *con* und *volvo*, ich wälze, wickele, winde; von der rankenden Natur der Pflanze ist die Benennung entlehnt. Die vorletzte ist wie bei allen Diminutiven auf *ulus* kurz.

Conȳza (*lang*), das Flöhkraut, κονυζα. Die Penultima ist lang wegen des Doppelkonsonanten *z*. Vergl. §. 5.

Copropoēsis (*lang*), die Kothbereitung, von κοπρος, der Koth, und ποιεω, ich mache, ich bilde.

Coremorphōsis (*lang*), die Pupillenbildung, von κορη, die Pupille, und μορφη, die Gestalt, Form. Vergl. über die Prosodie §. 39.

Corĭum (*kurz*), das Leder, die Haut, hebr. עור (*or*), das Fell der Thiere.

Et summis spoliat corĭis, contemtaque passim. VIRG.

Cornĕa (*kurz*), die Hornhaut, sc. *tunica*, von *cornu*, das Horn, wegen der hornartigen Beschaffenheit so benannt. Die Penultima ist kurz nach §. 4.

Forte fuit juxta tumulus, quo cornĕa summo. VIRGIL.

Corydălis (*kurz*), κορυδαλις, der Hohlwurz.

Ουδ' επι τυμβιδιοι κορυδαλιδες ηλαινονται.
THEOCR. IDYLL.

Corȳlus (*kurz*), die Haselnuss, κορυλος, von κορυ, der Kopf, Schopf.

Phyllis amat corȳlos, illas dum Phyllis amabit. VIRGIL.

Corȳza (*lang*), der Schnupfen; κορυζα. Die Penultima ist lang, weil *z* ein Doppelkonsonant ist. Vergl. die Regel *de positione* §. 5.

Ad fauces branchus, ad nares esto corȳza.
SCHOL. SALERN.

Cortex, cortĭcis, die Rinde; man leitet es von *corium*, die Haut, und *tegere*, decken, ab, *quod cortex lignum corio tegat. Isidor: orig;* also eine Deckhaut. Vergl. §. 32.

Una: velut si quis conducat cortĭce ramos.
OVID. MET. IV., 13.

Cotylēdon (*lang*), der Lappen im Pflanzensamen, κοτυληδων; von κοτυλη, die Höhle, die Pfanne. Vergl. §. 6.

Εκθλιψαντα πορειν κυαθον, κοτυληδονα πληρη.

Nic. Alex.

Friget et abstergit cotylēdon atque resolvit.

Coxarthrocăce *(kurz)*, Hüftgelenkleiden; *Rust's* freiwillige Hinken, von *coxa*, die Hüfte, und *arthrocăce*, das Gelenkübel. Vergl. §. 42.

Αιμοβορως εκυλιον· απ' οφθαλμων δε κακον πυρ. Theocr.

Cranĭum, der Schädel, die Hirnschale; κρανιον, von καρα, κρανον, das Haupt.

Κρανιω εμπεφυασι μαλιστα δε καιριον εστι. Homer. Ilias.

Crocodīlus *(lang)*, das Krokodil, κροκοδειλος, von κροκαι, die Klippen, das Ufer, und δειλω, ich fürchte, weil dieses Thier die Klippen fürchten muss, oder umgekehrt, weil die Ufer (das Land) das Krokodil fürchten, sehr fürchten, anbeten?

Aegyptus portenta colat; crocodīlon adoret. Juvenal.

Croton, crotōnis *(lang)*, Kroton; oleum crotōnis; κροτων, κροτωνος. Vergl. §. 34.

Cubĕba *(kurz)*, der Kubebenpfeffer; er wird von *Actuarius* und andern neuern Griechen κουπεπερ, κομβεβα und κομβεβαρ genannt. *Borrich*, *Becmann*. Es ist daher gar kein Grund vorhanden, die Penultima lang auszusprechen, wie es fast allgemein geschieht. Vergl. §. 6.

Cucubălus *(kurz)*, der Taubenkopf, auch *cuculus* genannt, eine Pflanze. Die Penultima ist kurz *ex usu*.

Cucūlus *(lang)*, der Kuckkuk, κοκκυξ, κοκκυγος. Alle diese Wörter sind Nachbildungen der Stimme dieses Thieres. Es heisst also nicht flos cucŭli, sondern flos cucūli.

Cessissetmagna compellans voce cucūlus. Hor. Satyr. I. 7.

Die Penultima ist lang, was schon die Derivation aus dem Griechischen lehrt. Gewiss ist der folgende Vers untergeschoben.

Et cucŭli cucŭlant, fritinnit rauca Cicada.

Ovid in Philom.

Cucŭmis (*kurz*), die Gurke, auch *cucumer*; ob von *cucuma*, einem Geschirr, Kessel, weil aus den ausgehöhlten Gurken und Kirbissen dergleichen bereitet werden könne?!

Caeruleus cucŭmis tumidoque cucurbita ventre. PROP.

Cucurbĭta (*kurz*), der Kürbiss. Scheint bloss eine vollkommenere Form statt *cucumis* zu sein.

Jam pridem caput hoc ventosa cucurbĭta quaerat. JUVENAL.

Cumīnum (*lang*), der Kümmel, κυμινον. Vergl. Cyminum. Vergl. Regeln §. 16.

Νιτρον συν δε κυμινα χεας βλαστον τε κονυζης. NIC. THER. 942.

Rugosum piper, et pallentis grana cumīni. PERS. SATYR.

Curcŭma (*lang*), der Kurkum, ein neueres Wort, hergeleitet von der Aehnlichkeit der Wurzel mit einem mit eisernen Stacheln versehenen Pferdegebiss, welches κουρκουμα heisst; daher die Penultima lang. *Borrich. Bodaeus a Stapel.*

Cuscŭta (*kurz*), die Flachsseide, κασσυθα. *Borrich* will die Penultima lang aussprechen. Da jedoch kein triftiger Grund dazu vorhanden ist, so stimme ich mit *Becmann* den Lexicographen bei, die die vorletzte kurz lesen. Vergl. *Borrich*, *Becmann*, *Ruellius.*

Cyanōsis (*lang*), die Blausucht, von κυανος, blau, die Farbe der Cyane. Vergl. §. 39.

Cyănus (*kurz*), die Kornblume, κυανος, himmelblau, *caeruleus.* Vergl. Hinsichts der Prosodie §. 15.

Κυανεας οτι μυθος αναιδεας ειν αλι πετρας. DIONYS.

Transeat in stabiles strenua cyăneas. OVID. TRIST.

Cycĕon (*kurz*), der Kräuterwein, κυκειον, von κυκαω, Flüssigkeiten mischen.

Cyclămen (*kurz*), die Erdscheibe, κυκλαμις, nach *Tournefort* käme es von κυκλος, der Kreis, her, wegen der runden, kreisförmigen Wurzeln und Blätter. Vergl. in prosodischer Hinsicht §. 27.

Ορμινοντε και ευρισιμον κυκλαμις θ᾽ ιοειδης. ORPH. 915.

Cyclamīnum (*lang*), das Saubrod; κυκλαμινον, κυκλαμινη, βοτανη. Vergl. **Cyclamen**. Hinsichts der Prosodie siehe §. 16. der Regeln.

Και γεραον πωγωνα, και ευτραπεας κυκλαμινον.
NIC. FRAGM.

Cymīnum (*lang*), κυμινον, der Kümmel, hebr. כמן (*kamon*). Vergl. *Buxdorf* hebr. Lexicon.

Εν δ᾽ αθερει γενεος καρπον κορσαιο κυμινου.
NIC. THER. 601.

Cynorrhŏda (*kurz*), die Hundsrose, von κυων, κυνος, der Hund, und ροδον, die Rose. Vergl. §. 42.

Και ροδον, ηδ᾽ ια, λιπτον οσα σπερμειον αεξει. NIC.

Cynosbătos (*kurz*), die Hagebutte, von κυων, der Hund, und βατος, der Dornstrauch.

Αλλ᾽ ου συμβλητ᾽ εστι κυνοσβατος ουδ᾽ ανεμωνα.
THEOCR. IDYLL.

Cynosūrus (*lang*), Hundsschwanz, von κυων und ουρη, der Schwanz. Vergl. §. 43.

Ουρη μεν ρ᾽ ογ᾽ εσηνε, και ουατα καββαλεν αμφω. HOMER.

Cypērus (*lang*), Cyperngras, κυπειρος. Vergl. §. 6. der prosodischen Regeln.

Ηε φαλοζωοιο κυπειριδος, ηε κυπειρον.
NICAND. ALEXIPHARM. 604.

Emicuere rosae, violaeque et molle Cypērum.
PETRON. 127., 9.

Cyphōsis (*lang*), das Buckligwerden, die Rückenkrümmung, κυφωσις, von κυφος, krumm, sich bückend, bucklig; κυφοω, ich krümme, biege, bücke.

Cytĭsus (*kurz*), eine Art Klee, κυτισος.

Ται μεν εμαι κυτισον τε και αιγιλον αιγες εδονται.
THEOCRIT.

Florentem Cytĭsum et salices carpetis amaras. VIRG. ECL.

D.

Dacrўops, dacryŏpis (*kurz*), das Thränenauge, von *δακρυ*, *lacrima*, die Thräne, und *οψ*, das Gesicht, das Auge.

Dacryolĭthus (*kurz*), Thränenstein, von *δακρυον*, die Thräne, und *λιθος*, der Stein; so benannt, weil er in den Thränenwerkzeugen gefunden wird. Vergl. §. 42.

Ω το καλον ποθορωσα, το παν λιθος· ω κυανοφρυ. THEOC.

Dasўpus (*kurz*), der Haarfuss, das Gürtelthier, von *δασυς*, dick, dicht, und *πους*, der Fuss, weil es an den Füssen dicht behaart ist.

Dasyūrus (*lang*), das Beutelthier; *δασυς* und *ουρη*, der Schweif, Schwanz, weil der Schwanz dicht behaart ist.

Ουρησιν μακρησι περισσαινοντες ανεσταν. HOMER. ODYSS.

Datūra (*lang*), der Stechapfel; von *dare*, geben, nach *Linné*, weil es Kranken (oder Feinden als Gift) gereicht wird, *quod detur aegris.* Andere Erklärungen hat *Ch. a Costa. hist. aromat.* Die Penultima ist lang, wie bei natūra, fractūra. Vergl. §. 18.

Decubĭtus (*kurz*), das Durchliegen, Wundliegen, von *decumbere*, daniederliegen, abliegen. Vergl. über die Prosodie der Verbalia in *itus* §. 30.

Aut cubĭtum pergens succum cape tristis aceti. Q. SEREN.

Delphīnus (*lang*), der Delphin, von *αδελφος*, der Bruder, weil sie gesellig leben. *Kraus etym. Lexic.* Vergl. §. 16. der Regeln.

Ως αρα και δελφινες εοις παιδεσσι τοκηες.
OPPIAN. HAL. I., 684.

Di pia facta vident. Astris delphīna recepit. OVID. FAST.

Deltoīdes (*lang*), deltaförmig, *δελτοειδης*, von *Δ* (*δελτα*) und *ειδος*, die Form, die Aehnlichkeit.

Dentidūcus (*lang*), Zahnauszieher, *instrumentum dentiducum*, von *dens*, der Zahn, und *duco*, ich führe, befördere (heraus).

Mentiri noctem, promissis dūcere amantem. PROP.

Derĭvans (*lang*), ableitend; z. B. methodus derĭvans, nicht derĭvans; derivare von *de* und *rivus*, der Fluss, eigentlich Wasser aus dem Flusse ableiten.

Derīvare queunt animum curaque levare. LUCRET.

Diabētes (*lang*), Harnruhr; *διαβητες*, von *διαβαινω*, ich fliesse rasch, wie aus einem Trichter, der auch *διαβητης* heisst.

Καμψας οβελισκον, ειτα διαβητην λαβων. NUB. 176.

Diabrōsis (*lang*), die Durchfressung, Erweichung (des Magens, der Gefässe); *διαβρωσις*, von *δια*, durch, und *βρωσκω*, ich verzehre, *βρωσις*, das Essen, das Durchfressen. Vergl. §. 39.

Diachȳlon (*lang*), Diachȳlum, näml. Pflaster, *εμπλαστρον διαχυλων*, ein aus verschiedenen Säften bereitetes Pflaster, von *δια*, durch, und *χυλος*, der Saft, daher diachȳlon und nicht, wie man allgemein hört, diachȳlum.

Ημυνεν και χυλος αλις κυμβησι ροφηθεις. NIC. ALEX.

Diaerĕsis (*kurz*), die Zerreissung, *διαιρεσις*, von *δια*, auseinander, und *αιρεω*, ich nehme. Die vorletzte Sylbe ist kurz; das Wort gehört zu den Ausnahmen der Wörter mit langer Penultima auf *esis*. Vergl. §. 38.

Τα μη δικειν σεβοντες εν διαιρεσει. AESCHYL, EUMEN.

Diagnōsis (*lang*), die Erkennung; Diagnose, *διαγνωσις*, von *διαγιγνωσκω*, *διαγνοω*, ich erkenne, unterscheide. Vergl. §. 39.

Σαφες τι κεισθαι και διαγνωσιν φρενων. HIPP. 926.

Dialȳsis (*kurz*), die Auflösung, das Hinwelken; *διαλυσις*, von *διαλυω*, ich löse auf. Vergl. §. 42. der Regeln.

Ει τιν' εταροισιν θανατον λυσιν, ηδ' εμοι αυτω. HOMER.

Diamŏron (*kurz*), der Maulbeersaft, *διαμορων*, von *δια*, durch, aus, und *μορον*, die Maulbeere.

Diaphorēsis (*lang*), das Schwitzen, Ausdünsten, *διαφορησις*, von *δια* und *φερω*, *φορεω*, ich trage, befördere; folglich die Herausbeförderung der Dünste, des Schweisses. Vergl. §. 38.

Diapedēsis (*lang*), das Durchschwitzen, *διαπήδησις*, von *διαπηδάω*, durchspringen; von dem gleichsam durch die Adern springendem Blute gebraucht.

Diastŏle (*kurz*), die Erweiterung des Herzens, *διαστολη*, von *δια*, auseinander, und *στελλω*, ich schicke, ich bewege. Vergl. §. 6.

Diathĕsis (*kurz*), die Anlage, *διαθεσις*, von *διατιθημι*, ich stelle auf, ordne, *dispono*, daher auch die Disposition. Die vorletzte ist kurz, als Ausnahme der Wörter auf *esis*. Vergl. §. 38.

Dicrānos (*lang*), zweiköpfig, von Muskeln, vom Uterus gebräuchlich, *δικρανος*, von *δις*, zwei, und *κρανον*, *καρη*, das Gehirn, der Kopf.

Κρανω εμπεφυασι, μαλιστα δε καιριον εστιν. Hom. Ilias.

Dicrŏtus (*kurz*), zweischlägig, *pulsus*, *δικροτος*, von *δις*, zweimal, und *κροτεω*, ich schlage. Vergl. *Kraus*, *Blancard*.

Ου μαν ου κιθαραν τις επισταται ωδε κροτησαι. Theocr.

Digitālis (*lang*), der Fingerhut, eine Pflanze; Aehnlichkeit der Blüthe mit jener Fingerbedeckung; kommt von *digitus*. Lang ist die Penultima wie bei den übrigen Wörtern auf *alis*. S. **brachiālis**. Vergl. §. 13.

Digĭtus (*kurz*), der Finger, kommt nach Einigen von *δακτυλος*; besser scheint die Derivation von *δεικνυμι*, *δεικω*, ich zeige, also der Weiser, Zeigefinger.

Sed postquam fuerant digĭti cum voce locuti. Tibull.

Diŏdon (*lang*), zweizähnig, von *δι*, zwei, und *οδους*, der Zahn. Es muss die Penultima producirt werden, nach der Analogie von **Chalcŏdon**, *χαλκωδων*. Vergl. **Leontŏdon**.

Dioscūri (*lang*), die Zwillingsbrüder; die Parotiden von *Διος*, des Jupiters, und *κουροι*, die Söhne, Castor und Pollux.

Αμφι διοςκουρους ελικωπιδες εσπετε μουσαι. Homer.

Diospy̆ros (*kurz*), der Lotus; *Διοςπυρος*, *Jovis triticum*, von *Zeus*, *Διος* und *πυρος*, der Weizen. Vergl. *Becmann*, *Dioscorid*, *Plinius*.

Ηη ουδε κρατεροιο πυρος περικαινυται ορμη. NICAND.

Diplŏe (*kurz*), die Diploe des Schädels, von *διπλος*, doppelt, weil es sich auf die beiden Platten der Hirnschale bezieht.

Πυκνος επεμφερεται ταδε διπλοα δερπεται οσσοις. NICAND.

Dipsăcus (*kurz*), der Karten, *Διψακος*, von *διψαω*, ich durste, weil in den konkaven Blättern sich Thau und Wasser ansammeln, deshalb wird auch die Pflanze Lavacrum, d. h. Waschbecken, genannt. Vergl. *Plinius* 27. 9. Ueber die Prosodie siehe §. 10.

Distichiăsis (*kurz*), die Zwiewimper, die Doppelreihung, von *δι*, zweimal, und *στιχη*, die Reihe (der Wimpern). Die Wörter, die auf *iasis* enden, haben eine kurze Penultima; z. B. phthiriăsis, psoriăsis, elephantiăsis. Vergl. §. 22.

Distŏma (*kurz*), eine Art Bandwurm, das Doppelmaul, von *δι* und *στομα*, der Mund. Vergl. in prosodischer Hinsicht die §§. 7. und 42.

Νειαιρης ακλειστον αειρομενον στομα γαστρος. NICAND.

Diurēsis (*lang*), die Harnabsonderung, *διουρησις*, von *δια* und *ουρον*, der Harn. Man hört so oft fälschlich diurĕsis aussprechen; die Wörter auf *esis* haben (mit wenigen Ausnahmen) eine lange Penultima. Vergl. hierüber §. 37.

Dolăbra (*kurz*), der Bohrer, die Hacke, eine Art Binde, von der bohrerähnlichen Windung so benannt; es kömmt von *dolare*, behauen, hauen. — Die Penultima ist kurz nach der Regel *muta cum liquida*. Nur bei Dichtern findet man sie lang. Vergl. §. 5.

Si lentus pigra muniret castra dolăbra. JUVENAL.

Doronĭcum (*kurz*), Gemswurzel. Es hat eine kurze Penultima nach Analogie von Santonicum, Betonĭcum. Vergl. *Vaillant Mem. de l'academ. de scienc.* 1719. *Linné* leitet es von *δωρον*, der Spiess, und *νικη*, der Sieg, her, dann müsste die vorletzte Sylbe lang sein. Vergl. §. 11.

Dorsālis (*lang*), den Rücken betreffend, von *dorsum*, der Rücken; eigentlich dorsualis bei *Apul. Ammianus* u. s. w. Die Wörter auf *alis* haben eine lange Penultima; z. B. digitālis, nasālis. Vergl. §. 13.

Draco, dracōnis (*lang*), der Drache, *δρακων*, *sanguis draconis*, von *δερκω* (*δαρκω, δρακω*), sehen, wegen der hellen Augen dieser Thiere. *Kraus*. Vergl. §. 34.

Dixit: et egrediens nubem trahit, inque dracōnes.
OVID. FAST.

Drosĕra (*kurz*), der Sonnenthau; *δροσερα* sc. *βοτανη*, die thauige, bethauete, weil die Blätter stets vom Thaue feucht sind. *Linné Flor. Lapponica*. Vergl. über die Prosodie §. 7.

Τω ουπω ὑπερ δροςεροιο γενειου. ORPH. 225.

Dulcamāra (*lang*), das Bittersüss, von *dulcis* und *amārus*, bitter. S. amārus. Bei *Nicander* findet man acidamārus, sauerbitter. — Bei *Plautus* dulceamarum.

Orchades, et radii et amāra pausia bacca. VIRG. GEORG.

Dynămis (*kurz*), die Macht, Kraft; *δυναμις*, von *δυναμαι*, ich kann, ich vermag. Vergl. §. 9.

Duodēnum (*lang*), der Zwölffingerdarm; *duodeni* heisst je zwölf, *duodenum* sc. *εντερον*.

Sunt duodēnum, jejunum, post ileon atque.
SCHOL. SALERN.

Dysapūlus (*lang*), schwer vernarbend, von *δυς*, *απο* und *ουλη*, die Narbe, *ουλος*, heil. *Kraus*. Vergl. §. 8.

Dysmorphōma (*lang*), Missbildung, von *δυς*, schlecht, misslich, und *μορφη*, die Gestalt; *μορφωμα*, die Bildung. Vergl. §. 40.

Dysodontiăsis (*kurz*), das schwere Zahnen, *δυςοδον-*

τιασις, von δυς und οδους, οδοντος, der Zahn. Vergl. über die Prosodie dieses Wortes **distichiăsis.** Vergl. auch §. 22.

Dystrŏphus (*kurz*), übelgenährt, von δυς und τρεφω (τροφος), ich ernähre. Vergl. §. 7.

Και μ' α Θεοχαριλα Θρασσα τροφος α μακαριτις. THEOCR.

Dysthanătos (*kurz*), ein schwerer Tod, von δυς, schlecht, und θανατος, der Tod. Siehe §. 9. der prosodischen Regeln.

Αυτου οι θανατος τε και ωκεα μοιρα τετυκται. NICAND.

Dysthȳmos (*lang*), missmuthig, hypochondrisch, von δυς und θυμος, der Muth, das Gemüth, die Stimmung. Vergl. über die Prosodie dieses Wortes §. 43.

Την δ' ανακυπωσας κεφαλης απο θυμον αραξει. NICAND.

E.

Ebĕnus (*kurz*), Diospyros, der Ebenbaum; εβενον. Vergl. §. 6.

Ω εβενος, ω χρυσος, ω εκ λευκου ελεφαντος. THEOCR.

Fert ebĕnum, solis est thurea virga Sabaeis. VIRGIL.

Ebŭlum (*kurz*), der Hollunder; einige leiten es von ευ, gut, und βουλη, der Rath, ab, weil der Kranke gut damit berathen sei, *quia bene consulat aegro*; dann müsste jedoch die Penultima lang sein, was bei keinem Dichter gefunden wird. Vergl. §. 20.

Sanguineis ebŭli baccis, minioque rubentem. VIRGIL.

Eccephalŏsis (*lang*), die Enthirnung, von εκ, aus, und κεφαλη, der Kopf, also die Ausnehmung, Entleerung des Kopfes.

Ecchymōma (*lang*), der Erguss des Blutes; εκχυμωμα, von εκχεω, ich giesse aus. Vergl. §. 40. der Regeln.

Ecchymŏsis (*lang*), die Ergiessung des Blutes, εκχυμωσις. S. in prosodischer Beziehung §. 39.

E c h ī n u s (*lang*), der Igel, der Stachel, εχινος. Vergl. über die Prosodie §. 9.

Η ελαφον νηδον, την δε καλεουσιν ε χ ι ν ο ν. Nic. Ther. 579.

Cortice deposito mollis e c h ī n u s erit. Martial.

E c h ī n o p s (*lang*), von εχινος, der Stachel, und οψ, das Gesicht, das Aussehen.

E c t h y̆ m a (*kurz*), ein Ausschlag, εκθυμα von εκ, aus, und θυμα, die Blatter; *Kraus* hat falsch: ecthȳma, denn so müsste man es ja von θυμος, der Muth, herleiten. Da es dasselbe Wort wie θυμον, der Thymian, ist, so dürfte der citirte Vers entschuldigt sein.

Βοσκομεναι θ υ μ α *ποσσι και ανθεμοεσσαν ερεικην*. Nicand.

E d ū l i s (*lang*), essbar, von *edere*, essen. Die Adjectiva auf *ulis* haben eine lange Penultima; z. B. curūlis.

Vinea summitit capreas non semper e d ū l e s. Horat.

E l ē m i (*lang*), das Elemiharz. Es ist lang, weil es aus e l e m m i und e l e m n i gebildet. Vergl. *B o r r i c h ling. Pharmacop.*

E l e p h a n t i ă s i s (*kurz*), der Aussatz, Elephantenaussatz; ελεφαντιασις, von ελεφας, der Elephant, weil die Haut des Kranken der jenes Thieres ähnlich wird. Vergl. §. 22.

Lepra, e l e p h a n t i ă s i s, cancer, gangraena, p a r ū l i s.

E m b r y̆ o (*kurz*), der Embryo, das Werdende, der Keim, εμβρυων, von εν, in, und βρυω, ich werde, wachse, keime. Letzteres vielleicht von ברא (*barah*), gebären, schaffen, בריאה (*briah*), die Schöpfung, Zeugung?

Παντα κατα μοιραν και υπ' ε μ β ρ υ ο ν *ηκεν εκαστη*. Homer.

Pulegio admixto venit e m b r y̆ o nectus aceto. Q. Seren.

E m ĕ s i s (*kurz*), das Erbrechen, von εμεω, *vomo*, ich übergebe mich. Es hat eine kurze Penultima, indem es mit genĕsis, diathĕsis, diaerĕsis unter die Ausnahmen der Wörter auf *esis* gehört. Vergl. §. 37.

E m m e n a g ō g o n (*lang*), die Monatsregel befördernd, εμμηναγωγον, von εν, μην, der Monat, und αγω, ich führe herbei, treibe. — Die Wörter auf *agogon* endend werden sehr häufig mit kurzer Penultima irrthümlich gesprochen. Es heisst nicht emmenagŏgum; sialagŏgum, hydragŏgum, sondern hydragōgum u. s. w. Siehe §. 7. der Regeln.

Emphysēma (*lang*), die Luftgeschwulst, von εν und φυαω, ich blase, schwelle auf, φυσημα, die Aufblähung.

Ο πολιν καχλαζον πονιω φυσηματι. Hipp.

Emprosthotŏnus (*kurz*), εμπροσθοτονος, der Starrkrampf nach vorn, von εμπροσθεν, vorwärts, nach vorn, und τονος, die Spannung, der Krampf, τεινω, ich spanne, mache straff. Vergl. §. 7.

Empyēma (*lang*), der Brustabscess; εμπυημα, das innere Eitern, von εν, in, und πυεω, eitern; εμπυειν, an einem Lungengeschwür leiden.

Encephălon (*kurz*), das Gehirn, von εν, in, und κεφαλη, der Kopf.

Πε συ γ' εγκεφαλοιο περιξ μηνιγγας αραιας. Nic. Ther.

Encephalocēle (*lang*), der Hirnbruch, εγκεφαλοκηλη, von εγκεφαλον, das Gehirn, und κηλη, die Geschwulst. Vergl. §. 6.

Encephalozōa (*lang*), Gehirnthiere, εγκεφαλοζωα, Thiere, die im Gehirn leben, oder solche, die Gehirn haben, von εγκεφαλον, das Gehirn, und ζωον, das Thier.

Encheirēsis (*lang*), der Handgriff, von εν, in, und χειρ, die Hand. *Göthe* braucht es kurz; *licentia poetica, non vero medica!*

Encheirĕsin naturae nennt's die Chemie. *Faust.*

Enchȳma (*kurz*), der Aufguss, das Infusum, εγχυμα, von εν, in, und χεω, ich giesse, χυμα, das Gegossene.

Enĕma (*kurz*), das Klystier, ενεμα, von εν, in, hinein, und ιημι, schicken. Es ist das einzige medizinische Wort auf *ema* mit kurzer Penultima. Vergl. §. 37.

Enteromphălus (*kurz*), der Nabeldarmbruch, von εντερον, der Darm, und ομφαλος, der Nabel.

Bisque quaternorum secernitur omphălos idem. Auson.

Entĕron (*kurz*), das Eingeweide; *εντερον*, das Innere, die Gedärme. —

Ηι και εντερα γης οια τρεφει ομβριμος αια. NIC. ALEX.

Entŏmon (*kurz*), das Insekt; *εντομον*, der Einschnitt, das Eingeschnittene, von *εν* und *τεμνω*, *τομεω*, ich schneide, von der Form der Insekten hergenommen. Vergl. in prosodischer Hinsicht §. 42.

Ου τομος εκ πτερνης, ουχ ηπατα λευκοχιτωνα. HOMER.

Entomolŏgus (*kurz*), ein Insektenkundiger; *εντομολογος*, von *εντομον*, das Insekt, und *λογος*, die Lehre.

Enterolĭthus (*kurz*), der Eingeweidestein; *εντερολιθος*, von *εντερον*, die Eingeweide, und *λιθος*, der Stein. Vergl. §. 42.

Ωδ' ειπων, λιθον ειλεν· ερεισαμενος δ' επι τοιχω. THEOC.

Enterorrhăphe (*kurz*), die Darmnath; *εντερορραφη*, von *εντερον*, der Darm, und *ραφη*, die Nath.

Δη τοτε γ' ηδη κειτο ραφαι δ' ελελυντο ιμαντων. HOMER.

Entozŏon (*lang*), das Eingeweidethier; *εντοζωον*, von *εντος*, *intus*, innen, und *ζωον*, das Lebende. Nicht entozŏa!!

Κεντρον δε ζωην τε φερει θανατον τε μελισσαις. NICAND.

Enūlis (*lang*), das Zahngeschwür; *ενουλις*, von *εν*, in, am, und *ουλον*, das Zahnfleisch. Vergl. §. 8.

Η ουλη και τυριος ο θαμνιτις πεταλοισι NICAND.

Enurēsis (*lang*), die Unfähigkeit den Urin zu halten; *ενουρησις*, das Einharnen, von *εν*, in, und *ουρεω*, ich harne, urinire. Vergl. §. 38. der Regeln.

Ephēlis (*lang*), die Sommersprosse; *εφηλις*, von *επι* und *ηλιος*, die Sonne. Nicht, wie man so oft hört, ephĕlis. Vergl. §. 6.

Δαυκειον, ριζας τε βρυωνιδος, η και εφηλιν.
NIC. ALEX. 868.

Ephemĕra (*kurz*), die Ephemere; *εφεμερα*, von *επι* und *ημερα*, der Tag (über Tag).

Cernis ephemĕridas: quae nullum consulit, et jam.
JUVENAL.

Epichŏlus (*kurz*), zornig, vielgallicht, von επι und χολος, die Galle.

Φευ, φευ, τας Παφιας χολον αζεο και συγε κωρα.
THEOCRIT.

Epididy̆mis (*kurz*), der Nebenhoden, von επι und διδυμοι, doppelt, Zwillinge, die Hoden.

Οι δ' αρ εσαν διδυμοι, ο μεν εμπεδον ηνιοχευεν. HOMER.

Epigy̆nus (*kurz*), auf dem Weibchen stehend (botanisch); επιγυνος, von επι und γυνη, das Weib; γυνη, die Erzeugerin alles Lebenden, mit γενω, *gigno*, *genus*, γονος in sprachlichem Zusammenhange.

Η δ' αεκουσ' αμα τοισι γυνη κιεν αυταρ Αχιλλευς. HOMER.

Epiphŏra (*kurz*), der Thränenfluss; επιφορα, von επι und φερω, ich trage, φορη, das Tragen, Befördern (einer Flüssigkeit des Körpers).

Epiphy̆sis (*kurz*), der Knochenaufsatz, die Epiphyse; επιφυσις, von επι und φυω (φυσις), ich werde, wachse (an). Vergl. §. 42.

Εκ γαιης ερυσας και μοι φυσιν αυτου εδειξεν. HOM. ODYSS.

Epūlis (*lang*), das Zahngeschwür, von επι, auf, und ουλον, das Zahnfleisch; nicht, wie man gewöhnlich hört, epŭlis, parŭlis. Die Etymologie ist die beste Lehrerin der Prosodie! —

Της γαρ οδαξαμενης, τα μεν αθροα πιμπραται ουλα.
NICAND.

Equisētum (*lang*), der Schachtelhalm, von *equus*, das Pferd, und *seta*, die Borste, das Haar, *planta equinae setae similis*. *Plinius*.

Erīca (*lang*), die Heide; ερεικη, von ερεικω, zerstören, zermalmen, weil es gegen den Stein angewandt wurde. *De Candolle*. Wegen der Prosodie vergl. §. 5.

Βοσκομεναι θυμα ποσσι και ανθεμοεσσαν ερεικην.
NIC. ALEX.

Ericērum (*lang*); ερικηρον. Vergl. §. 6.

Erigĕrum (*kurz*), das Berufskraut; ηριγερων, von ηρ,

der Frühling, und *γερων*, der Greis, daher lat. *senecio*. Vergl. §. 6.

Errhīna (*lang*), Niesemittel; *ερρινα*, von *εν*, in, und *ρις*, *ρινος*, die Nase, was in die Nase (zum Niesen) gebracht wird. Nicht errhĭna!

Ρινω δυσπαθεοντας, οτ' εν παλαμησιν αεργοι. Nic. Theriac.

Erūca (*lang*), die Heide. Man leitet es von *erodere*, beissen, nagen, ab, weil es einen sehr beissenden scharfen Geschmack hat. — Die Wörter auf *ucus*, *uca* haben gewöhnlich die Penultima lang; z. B. lactūca, festūca. Vergl. §. 12.

Nec minus erūcas aptum est vitare salaces. Ovid.

Erysipĕlas (*kurz*), die Rose (Krankheit), von *ερυθρος*, roth, und *πελας*, nahe, dicht, also eine Krankheit, bei der der ergriffene Ort dicht, intensiv roth ist.

Ανερα και θανατοιο πελας βεβαωτα σαωσεις. Nic.

Eschăra (*kurz*), der Schorf, Grind, *εσχαρα*, der Feuerheerd, auch der Schorf auf einer verbrannten Stelle; daher das Verbum *εσχαροω*, ich werde schorfig, *crustam induco*. Vergl. über die Prosodie §. 17.

Οσσαι μεν Τρωων πυρος εσχαραι ουσιν αναγκη.
Homer. Ilias.

Esŭla (*lang*). Die vorletzte Sylbe ist lang, weil es in *Myreps. antidot.* und anderen Schriften *εζουλα* genannt wird. Vergl. *Casp. Bauhin*, *Borrich*, *Beckmann*, *Martin etc.* Siehe §. 8.

Euchȳlus (*lang*), gutsäftig; *ευχυλος*, von *ευ*, gut, und *χυλος*, die Flüssigkeit, der Chylus. Vergl. hinsichts der Prosodie **Diachȳlon** und §. 43.

Χυλω ενι κλωθεντι κακη πελεοντα κορεσσαις. Nicand.

Euonȳmus (*kurz*), der Spindelbaum; *ευωνυμος*, wohl genannt, von *ευ*, gut, und *ονομα*, der Name; ironisch, weil es den Thieren schadet. *Tournefort.*

Γειvατο δ' Αστεριην ευωνυμον, ην ποτε Περσης. Hesiod.

Exanthēma (*lang*), der Hautausschlag; *εξανθημα*, von

εξ, aus, und ανθεω, ich blühe; ανθημα, das Aufblühen, Ausschlagen.

Exarthrēma (*lang*), die Ausrenkung; εξαρθρημα, von εξ, aus, und αρθρον, das Glied, das Gelenk. Vergl. §. 37. der Regeln.

Exarthrōsis (*lang*), das Ausrenken. (S. d. Vorige.) Vergl. §. 39.

Exĕdo (*kurz*), ich verzehre, daher *herpes exĕdens* und nicht *exēdens*, eine fressende Flechte, von *ex* und *edo*, ich esse. Fast allgemein wird in prosodischer Hinsicht bei diesem Worte gesündigt.

Sive calens febris jactatus e x e d i t artus. Q. Seren.

Exerăsis (*kurz*), die Entleerung; εξερασις, von εξεραω, ich leere aus.

Exomphălus (*kurz*), der vorstehende Nabel, von εξ und ομφαλος, der Nabel.

Exostōsis (*lang*), der Knochenauswuchs, von εξ, aus, und οστεον, der Knochen. Häufig genug hört man fälschlich exostŏsis. Vergl. §. 39.

Exotĭcus (*kurz*), ausländisch, von Pflanzen auch Krankheiten gebräuchlich; εξωτικος, fremd, nicht heimisch. Die Adjectiva in *icus* haben die Penultima stets kurz. Ausnahmen sind: antīcus, postīcus etc. S. §. 11.

Exstăsis (*kurz*), die Exstase (ein momentaner Wahnsinn); εκστασις, von εκ, aus, und στασις, die Stellung, also das Aussichheraustreten.

F.

Facĭes (*kurz*), das Antlitz, von *facio*, ich mache, ich bilde, folglich so viel wie *factura*, die Gesichtsbildung. *Voss.* Nach *Kraus* von φακκες, die Augen, das Gesicht.

Nec galea f a cĭ e m abscondit: movet ecce tridentes. Juven.

Fagopȳrum (*kurz*), der Buchweizen, von *fagus*, die Buche, und *pyrum*, der Weizen, wegen der Aehnlichkeit des Samens mit den Bucheckern.

Crustumiis Syriisque pȳris, gravibusque volemis. VIRG.

Farfăra (*kurz*), Huflattig, von *Farfarus*, einem Flusse im Sabinischen, wo diese Pflanze häufig gefunden wurde. Vergl. über die prosodische Geltung der Endung *arus*, *a*, *um* §. 17. der Regeln.

Namque tulit praeceps et amoena Farfărus umbra. OVID.

Farīna (*lang*), das Mehl, von *far*, hebr. בר (*bar*), das Getraide, was aus den Mehlfrüchten zunächst bereitet wird. — Die Penultima der Substantiva auf *inus*, *a*, *um* ist lang; z. B. gelatīna, resīna. Vergl. §. 16.

Quae postquam in tetram fuerit transversa farīnam. Q. SEREN.

Fasēlus (*lang*), die Saubohne; *phaselus*, *φασηλος*.

Si vero viciamque seres, vilemque fasēlum. VIRG. GEORG.

Fascĭa (*kurz*), die Binde; *fascia*, das Bündel, *φακελος*.

Poplitibus sedeat, quam denso fascĭa libro. JUVEN.

Febrifŭgus (*kurz*), fiebervertreibend, von *febris*, das Fieber, und *fugare*, verscheuchen.

Stellio et lucifŭgis congesta cubilia blattis. VIRGIL.

Ferŭla (*kurz*), Steckenkraut, von *fero*, ich trage, oder *ferio*, ich schlage, tödte, wegen der heftigen Wirkungen der Ferulaceen. Die Penultima ist kurz, weil das Wort die Endung eines Diminutivs auf *ulus*, *a*, *um* hat. Vergl. §. 20.

Florentes ferŭlas et grandia lilia quassans. VIRG. ECL.

Fervĭdus (*kurz*), heiss, von *fervus*, *fermus* (*θερμος*), warm; *πυρ*, das Feuer! —

Clauderet ut Tatio fervĭdus humor iter. OVID. FAST.

Festūca (*lang*), der Schwingel, ein Unkraut, von *feo*, *φυω* (*fetus* und *foetus*), zeugen, hervorbringen, weil es sich sehr gut fortpflanzt (wuchert). Die Endung *ucus*, *a*, *um* hat die Penultima stets lang; z. B. lactūca. Vergl. §. 12.

Non in festūca, lictor, quam jactat ineptus. PERS. SAT.

Fibrīnus (*lang*), den Biber, nur uneigentlich Fieber betreffend, daher *trifolium fibrīnum*, Biberklee. Die Penultima ist lang, als auf *inus* endend und von etwas Lebendem herrührend. Vergl. §. 16.

Fibŭla (*kurz*), das Wadenbein, von *figo*, ich hefte, ich befestige, also zusammengezogen aus *figibula*.

Si gaudet cantu, nullius fibŭla durat. JUVEN.

Ficōsis (*lang*), die Feigwarzenkrankheit, statt συκωσις, von *ficus*, die Feige, eine *vox hybrida*. Vergl. §. 39. der prosodischen Regeln.

Filix, filĭcis (*kurz*), das Farnkraut, vielleicht von *filum*, der Faden? Ueber die Prosodie vergl. §. 32.

Qui latitans filĭcis sub tegmine callidus auceps.
NEMES. AUCUP.

Foenicŭlum (*kurz*), der Fenchel; es soll von *foenum* kommen, weil es getrocknet dem Heu ähnlich sei, oder vielmehr rieche. Vergl. §. 20. der Regeln.

Aut tu foenicŭlum nitrumque et sulphura viva. Q. SEREN.

Fontānus (*lang*), die Quelle betreffend, von *fons*, *fontis*, die Quelle; aqua fontana, Quellwasser. Die Wörter auf *anus*, *a*, *um* haben die Penultima lang; z. B. gentiāna, quartāna, solānum. Vergl. §. 15.

Oraque, qua pollens ope sum, fontāna reclusi.
OVID FAST. I. 269.

Fonticŭlus (*kurz*), die Fontanelle, das Quellchen, Diminutivum von *fons*, *fontis*, die Quelle. Vergl. über die Prosodie des Wortes §. 20.

Quam ex hoc fonticŭlo tantundem sumere; eo fit.
HORAT. SERM.

Forāmen (*lang*), das Loch, die Oeffnung, von *foro*, ich bohre, πορος, der Gang, die Pore, *foris*, die Thüre. Die Endung auf *amen* hat die Penultima lang; z. B. putāmen, medicāmen etc. Vergl. §. 27.

Accipit alterno cohibetque forāmine ventos. AUSON.

Forceps, forcĭpis (*kurz*), die Zange, von *ferrum*, das Eisen, und *capio*, ich fasse, *Voss*; nach Andern von *foris* und *capio*, herausnehmen, oder von *formus*, heiss, und *capio*, also ein Instrument, mit dem man einen heissen Gegenstand anfasst.

In numerum, versantque tenaci forcĭpe ferrum.

VIRGIL.

Formīca (*lang*), die Ameise, griechisch μυρμηξ, μυρμηκος; nach *Isidor*: *a ferendis micis*, weil sie in ihrem Munde kleine Krumen trägt; *quod ore micas ferat. Servius.* Die Substantiva in *icus*, *a*, *um* haben gemeinhin die Penultima kurz; ausgenommen: urtīca, vesīca, formīca etc. Vergl. §. 11.

Curculio atque inopi metuens formīca senectae.

VIRG. GEORG.

Formīcans (*lang*), ameisenförmig, ameisenkriechend. Part. praes. eines aus *formica*, die Ameise, gebildeten Verbi *formicare*.

Formōsus (*lang*), schön (geformt), von *forma*, μορφη, die Form; die Endung *osus* hat stets die Penultima lang; z. B. vinōsus, speciōsus. Vergl. §. 21.

Fractūra (*lang*), der Bruch, von *frango*, ich breche, (*fractus*, gebrochen). Die Endungen auf *urus*, *a*, *um* haben die vorletzte Sylbe stets lang; z. B. structūra, natūra. Vergl. §. 18.

Fraxĭnus (*kurz*), die Esche; nach *Voss* von φρασσω, ich befestige, φραξις, die Umzäunung, weil man sich dieses Baumes zu diesem Zwecke bediente. Ueber die Prosodie des Wortes vergl. §. 16.

Fraxĭnus in silvis pulcherrima, pinus in hortis.

VIRG. ECL.

Fulīgo (*lang*), der Russ, von *furvus*, schwarz, oder von *fumus*, *fumiligo*, zusammengezogen *fuligo*, der Rauch, der Russ, oder von ηλυγη, die Finsterniss. Die Wörter auf *igo* haben die Penultima lang; z. B. vertīgo, calīgo, lentīgo. Vergl. §. 24.

Flaccus, et haereret nigro fulīgo Maroni. JUVENAL.

Furfur, furfŭris (*kurz*), die Kleie, von βορβορος, der Schmuz, die Spreu.

Sed coehleas prius est urtica aut furfŭre pasci. Q. Seren.

G.

Galactagōgus (*lang*), milchbefördernd, von γαλα, γαλακτος, die Milch, und αγω (αγωγον), leiten, herbeiführen, treiben. S. emmenagōgum.

Galactophŏrus (*kurz*), milchbringend, von γαλα, γαλακτος und φερω (φορω), ich trage, bringe. Vergl. in prosodischer Beziehung §. 42.

Galbănum (*kurz*), das Galbaumharz, hebräisch חלבנה (*chalb'ănah*), χαλβανη. Vergl. §. 15. der Regeln. *Voss. Borrich, Martin. lexic. philol.*

Χαλβανη ακηστις τε και η πριονεσσι τομαιη.

Nicand. Theriac. 51.

Hic ebulum stridet, peregrinaque Galbăna sudant.

Lucian 9.

Galĕa (*kurz*), der Helm, nach *Voss* von γαλη, das Wiesel, γαλεα, vom Wiesel, Kopfbedeckung aus einem Wieselfell, hernach Helm. Gelehrt, doch nicht wahrscheinlich! — Die Penultima ist kurz nach der Regel: *vocalis ante vocalem brevis est.* Vergl. §. 3.

Nec galĕa tegimur, nec acuto cingimur ense.

Ovid. Fast. II. 13.

Galēga (*lang*), die Geisraute, von γαλα, die Milch, und ηγων, führend, herbeiführend, weshalb die Penultima nothwendig producirt werden muss. *Borrich. Beckmann.* Vergl. §. 7.

Gamphēlae (*lang*), die Kinnbacken; γαμφηλαι, von γαμφος?

Ganglĭon (*kurz*), der Knoten, das Ueberbein; γαγγλιον.

Gangraenōsus (*lang*), brandig, von *gangraena*, γαγγραινα, der Brand. Die Wörter auf *osus* haben stets die Penultima lang; z. B. speciōsus, formōsus. Vergl. §. 21.

Gastroenterītis *(lang)*, die Magen- und Unterleibsentzündung *(Broussais)*, von γαστηρ, der Magen, und εντερον, das Eingeweide.

Gastrobrōsis *(lang)*, Magenerweichung, Magendurchfressung; γαστροβρωσις, von γαστηρ, γαστρος, der Magen, und βρωσκω (βρωσις), ich verzehre, fresse.

Αλλ' αγετ' οφρ' εν νηϊ θοη βρωσις τε ποσις τε. Homer.

Gastrodȳne *(kurz)*, Magenkrampf, von γαστηρ, der Magen, und οδυνη, der Schmerz. Also nicht gastrodȳne!

Ανερας απροφατοισιν επαισσων οδυνησι. Nic. Alex.

Gastropŏdes *(kurz)*, Bauchfüssler, von γαστηρ, und πους, ποδος, der Fuss. Vergl. in prosodischer Beziehung §. 42. der Regeln.

Βομβυκα χαριεσσ' οι μεν ποδες αστραγαλοι τευ. Theocr.

Gastrōsis *(lang)*, das Magenleiden (vom verdorbenen Magen); γαστρωσις, von γαστηρ, der Bauch, der Magen. Vergl. über die Prosodie dieses Wortes §. 39.

Gastrorrhăphe *(kurz)*, die Bauchnath, von γαστηρ, γαστρος, und ραφη, die Nath. Nicht gastrorrhāphe. Vergl. §. 42.

Δη τοτε γ' ηδη κειτο ραφαι δ' ελελυντο ιμαντων. Homer.

Gelatīna *(lang)*, die Gallerte, eigentlich das Gefrorne, von *gelu*, die Kälte, *gelare*, frieren. Die vorletzte ist lang, wie die Wörter auf *inus, a, um*; z. B. farīna, resīna etc. Vergl. §. 16.

Gemellipărus *(kurz)*, Zwillinge gebärend, von *gemini*, *gemelli*, Zwillinge, und *pario*, ich gebäre. Vergl. über die prosodischen Verhältnisse dieses Wortes §. 42. der Regeln.

Genĕsis *(kurz)*, die Zeugung, Bildung; γενεσις, von γιγνω (γενω), ich zeuge, bringe hervor. Ueber die Prosodie der Endung *esis* vergl. §. 38.

Ιπποι γαρ σφηκων γενεσις, ταυροι δε μελισσων. NICAND.
Angulus, inspecta genĕsi collyria poscit. JUVENAL.

Gentiāna *(lang)*, der Enzian, von dem Auffinder der Pflanze, dem Könige der Illyrier *Gentus* benannt. Die Penultima ist lang, wie bei quartāna, Bardāna, fontāna. Vergl. §. 15.

Genuīnus *(lang)*, einheimisch, ächt, von *genus*, *gigno*, *γενω*. Vergl. §. 16.

Te Lupe, te Muti, et genuīnum fregit in illis. PERS. SAT.

Geranĭum *(kurz)*, Storchschnabel; *γερανιον*, von *γερανιος*, der Kranich, von der Aehnlichkeit ist der Name hergenommen.

Gerontopōgon *(lang)*, eine Pflanze; *γεροντοπωγων*, von *γερων*, der Greis, und *πωγων*, der Bart, von der Aehnlichkeit eines Theils der Pflanze. Vergl. §. 43.

Πιονα δ' εν σκυνιοισιν υπ' οθματα· νερθε δε πωγων.
NICAND.

Gingīva *(lang)*, das Zahnfleisch, von *gigno*, ich zeuge, bringe hervor, weil in ihm die Zähne entstehen. *Lactantius* sagt: *gingivae, quae a gignendis dentibus nominantur.* Die vorletzte ist lang, wie bei allen Wörtern auf *inus*, *a*, *um*; z. B. salīna, olīva. Vergl. §. 19.

Manditur apta rubus gingīvis et bona labris.
Q. SEREN. 236.

Ginglўmus *(kurz)*, das Gelenk, die Fuge; *γιγλυμος*, von *γλυμος*, die Fuge? *Kraus.*

Glandŭla *(kurz)*, die Drüse, eigentlich die kleine Eichel, Diminutiv von *glans*, *glandis*.

Glaucōma *(lang)*, grüner Staar; *γλαυκωμα*, von *γλαυκος*, blau; die Farbe des Glaukoms ist eigentlich blaugrün, so dass beide Benennungen passen. Ueber das Prosodische vergl. §. 40.

Si vero horrendum ducunt glaucōmata peplum. Q. SEREN.

Glossocēle *(lang)*, Zungenbruch, Vorfall der Zunge, von *γλωσση*, die Zunge, und *κηλη*, die Geschwulst. Vergl. über die Prosodie §§. 6. und 43.

Glycyrrhīza *(lang)*, das Süssholz, Lakrizenholz; γλυκυρριζα, von γλυκος, süss, und ριζα, die Wurzel. Die Penultima ist lang, weil z ein Doppelkonsonant ist. Vergl. §. 5.

Ευρων συν πυκινησιν ολοςφερες εσπασα ριζης. THEOCRIT.

Gomphōsis *(lang)*, die Einkeilung, von γομφος, der Keil. Vergl. §. 39. Nicht, wie so oft gesprochen wird, gomphŏsis!

Gonarthrocăce *(kurz)*, das Knieleiden, das freiwillig vom Knie ausgehende Hinken, von γονυ, das Knie, αρθρον, das Gelenk, und κακος, schlecht, übel. Vergl. §. 42. Nicht gonarthrocāce!

Η δε τοι ου θνητη, αλλ' αθανατον κακον εστιν HOMER.

Gongȳlus *(kurz)*, der Keimknoten, von γογγυλος, rundlich.

Γογγυλον εκφαινουσιν ανοιδειοντες οπωρες. NIC. ALEX.

Granātum *(lang)*, der Granatapfel, von *granum*, das Korn, weil er von ihren rothen, saftigen Körnern so genannt wird. Die vorletzte Sylbe ist lang, weil man das Wort gleichsam als das Participium eines Verbi *granare* (*granatus*, gekörnt, körnig) betrachtet, nach der Analogie von rosātus, pomātus etc.

Graphītes *(lang)*, der Graphit, das Reissblei, Schreibeblei, von γραφω, ich schreibe. Die Endungen in *ites* haben die Penultima lang; z. B. ascītes, haematītes. Vergl. §. 25.

Gratiŏla *(kurz)*, Gnadenkraut, ein Diminutivum von *gratia*, der Dank, weil man ihr für ihre treffliche Wirkung Dank schuldig ist. Die Penultima ist kurz, wie alle Diminutiva auf *ulus* und *olus*. Vergl. §. 20.

Graveŏlens *(kurz)*, stark riechend, von *gravis*, schwer, und *olet*, es riecht. Vergl. §. 42.

Cecropiumque thymum et grave ŏlentia centaurea.
VIRG. GEORG.

Gravĭdus (*kurz*), schwanger, von *gravis*, schwer. Vergl. §. 14.

Nunc gravĭdum pecus est: gravĭdae nunc semine terrae.
OVID.

Guajācum (*lang*), das Guajakharz; die vorletzte ist lang, weil sie die Indianer *Guaacan* nennen. Auch spricht die Analogie der Wörter cloāca, pastināca, portulāca dafür. Vergl. *Borrich*, *Beckmann* etc. Vergl. §. 10. der Regeln.

Arbore, voce vocant patrii sermonis Hyācum. FRACASTOR.

Gymnōtus (*lang*), der Roche; γυμνωτος, übel gebildet, von γυμνος, nackt, kahl, und νωτος, der Rücken, so genannt, weil ihm die Rückenflossen fehlen. *Kraus*. Vergl. §. 7.

Gynaecēa (*lang*), die weiblichen Geschlechtstheile; γυναικεια, was das Weib betrifft, von γυνη, das Weib. Vergl. §. 6.

Guttur, guttŭris (*kurz*), die Kehle, entweder von *gula*, oder von dem gurgelnden Tone beim Hinunterschlucken.

Qua stantes ardent, qui fixo guttŭre fumant. JUVENAL.

H.

Habĭtus (*kurz*), die Haltung, von *habere*, haben, *se habere*, sich benehmen, sich führen, sich halten. — Die Verbalia 3ter Conjugation in *itus* haben eine kurze Penultima. Vergl. §. 30. der prosodischen Regeln.

Hos habĭtus? quando ad palum gemat uxor Asyli?
JUVENAL.

Haemălops (*kurz*), das Blutauge, von αιμα, das Blut, und οψ, das Gesicht, Auge.

Haematoxȳlon (*kurz*), das Kampesche Holz; αιματοξυλον, das Blutholz, von αιμα und ξυλον, das Holz. Vergl. §. 42. der Regeln.

Haematītes (*lang*), der Blutstein; *αἱματίτης*, von *αἱμα*, das Blut. Die Endung *ites* hat die Penultima lang; z. B. graphītes, ascītes. Vergl. §. 25.

Haematopoēsis (*lang*), die Blutbereitung; *αἱματοποιησις*, von *αἱμα*, *αἱματος*, das Blut, und *ποιεω* (*ποιησις*), ich mache, ich bereite, bilde.

Haematothōrax (*lang*), Bluterguss in der Brusthöhle; *αἱματοθωραξ*, Blutbrust, von *αἱμα*, das Blut, und *θωραξ*, die Brusthöhle, Brustkasten. Vergl. §. 43.

Haemoptŏe (*kurz*), das Blutspeien; *αἱμοπτοη*, von *αἱμα*, das Blut, und *πτυω* (*πτοω*), ich speie. Vergl. §. 7.

Haemoptȳsis (*kurz*), das Blutspucken; *αἱμοπτυσις*, von *αἱμα*, das Blut, und *πτυω*, ich speie. Vergl. in prosodischer Hinsicht §. 41.

Haemorrhŏis (*kurz*), die goldene Ader, eigentlich der Blutfluss; *αἱμοῤῥοις*, von *αἱμα*, das Blut, und *ῥεω* (*ῥοω*), ich fliesse.

Μη ποτε τοι θηλει' αἱμοῤῥοῒς ιον ενειη. NICAND. THERIAC.

Halĭmus (*kurz*), der Meerportulak, nach Einigen von *α* privativum und *λιμος*, d. h. ohne Hunger, den Hunger stillend, sättigend; nach Andern von *ἁλς*, *ἁλος*, das Salz, als Seepflanze, oder wegen des Salzgehaltes. Nach der ersten Derivation müsste, da *λιμος* lang ist, die Penultima producirt werden.

Halĭtus (*kurz*), der Hauch, von *halo*, ich hauche; das Deutsche sowohl, wie das Lateinische sind hier dem Naturlaut nachgebildet.

Tendere iter pennis: talis sese halĭtus atris. VIRG. AENEIS.

Hedĕra (*kurz*), der Epheu; viele leiten es von *edo* ab, daher es auch häufig edera geschrieben wird. *Voss*, *Jovianus Pontanus*, *Beckmann*. Andere (*Kraus*) leiten es mit mehr Recht von *ἑζω*, *sedeo*, her, weil es an den Mauern festsitzt.

Pelle hedĕram tumulo mihi quae pugnante corymbo.
PROP. IV. 7.

Hedysărum *(kurz)*, der Hahnenkopf, von ηδυς, angenehm, süss, daher auch der Name Süssklee. Ueber die prosodische Geltung der Endung siehe §. 17.

Helcōma *(lang)*, das Geschwür; catexochen, das Hornhautgeschwür; ελκωμα, von ελκος, das Geschwür. Vergl. über die Prosodie §. 40.

Helianthĕmum *(kurz)*, Sonnenblume, von ηλιος, die Sonne, und ανθεμον, die Blume, ανθεω, ich blühe.

Ανθεμ' ορειχαλκον χρυσοιο τε τιμηεντος. Homer.

Hellebŏrus *(kurz)*, der Niesewurz; ελλεβορος, von ελειν, nehmen, und βορα, die Speise; entweder wegen der tödtlichen Wirkung, wenn man es zu sich nimmt, oder *quod cibum corpori eripiat*; als Brechmittel?

Καρφεα τ' ελλεβορν ομελαν οχροος αμμιγα δ' αφρος.
Nic. Theriac. 941.

Danda est Hellebŏri multo pars maxima avaris.
Hor. Sermon.

Helōdes *(lang)*, sc. febris, das Schweissfieber, von ελος, der Sumpf, und ειδος, die Aehnlichkeit, weil der Körper im Schweisse gleichsam wie in einem Sumpfe liegt. *Kraus*.

Hepar, hepătis *(kurz)*, die Leber; ηπαρ, ηπατος.

Ηπατος ακροτατον κερσας λοβον, ος δε τραπεζης.
Nic. Ther.

Hepatītis *(lang)*, Leberentzündung; ηπατιτις, von ηπαρ, ηπατος, die Leber, mit angehängter Endung *itis*. Vergl. §. 26.

Hepatolĭthus *(kurz)*, der Leberstein, von ηπαρ, ηπατος, die Leber, und λιθος, der Stein. Vergl. §. 42.

Hepatophthĭsis *(kurz)*, Leberschwindsucht, von ηπαρ und φθισις, die Schwindsucht, letzteres von φθινω, φθινομαι, ich schwinde, zehre ab. Vergl. §. 42.

Hermaphrodītus *(lang)*, Zwitter, von *Hermes* oder

oder Merkur und *Aphrodite* oder Venus, d. h. halb Mann, halb Weib; *androgynus.*

Ει μη αρ' οξυ νοησε Διος θυγατηρ Αφροδιτη.

Homer. Ilias III.

Nominis ut mixti, sic corporis Hermaphrodītus. Auson.

Heterochrŏnus (*kurz*), fremdzeitig, unregelmässig, von *ετερος*, anders, fremdartig, und *χρονος*, die Zeit.

Hippocastănum (*kurz*), Rosskastanie, von *ιππος*, das Pferd, und *καστανον*, die Kastanie. Vergl. §. 15. der Regeln.

Δυςλεπεος καρυοιο το καστανις ετρεφεν αια. Nic. Alex.

Castanĕasque nuces, mea quas Amaryllis amabat.

Virg. Ecl.

Hippopotămos (*kurz*), Flusspferd; *ιπποποταμος*, von *ιππος*, das Pferd, und *ποταμος*, der Fluss, *catexochen*, der Nil.

Παιηων Μελανος ποταμου παραχειλος αμερσεν.

Nic. Theriac.

Hipposelīnum (*lang*), Pferdesilie, von *ιππος* und *σελινον*. Vergl. Selīnum und §. 16.

Κεδρισιν εντριψας ελευθρεπτου τε σελινου. Nicand. Ther.

Hippūris (*lang*), der Pferdeschweif, eine Pflanze; *ιππουρις*. von *ιππος*, das Pferd, und *ουρη*, der Schweif. Vergl. §. 43.

Ιππουροι δ' οτε κεν τι μετ' οιδμασιν αθρησωσι.

Oppian. Hal.

Hidrōa (*lang*), der Fieberausschlag; *ιδρωα*, Schwitzblattern, von *ιδροω*, ich schwitze.

Hirūdo (*lang*), der Blutegel.

Non missura cutem nisi plena cruoris hirūdo. Horat.

Hordeŏlum (*kurz*), das Gerstenkorn, Diminutivum von *hordeum*, die Gerste. Die Penultima ist kurz, wie bei allen Diminutivis auf *ulus*, *olus*. Vergl. §. 20.

Horīzon (*lang*), der Horizont; *οριζων*, der Gesichtskreis, von *οραω*, ich sehe, so weit man sehen kann; oder von *οριζων*, endigend, d. h. der Kreis des Himmels. Die Penultima ist lang wegen des Doppelkonsonanten z. Vergl. §. 5.

Humĕrus (*kurz*), die Schulter, nach *Voss* von ωμος, was dasselbe bedeutet.

Hic spolia ex humĕris ausus sperare Quirinis. PROPERT.

Humŭlus (*kurz*), der Hopfen. Es scheint dieser Ausdruck ein Diminutiv zu sein, dessen Stammwort man jedoch nicht kennt. *Du Cange*, *Beckmann*, *Krünitz* Encyclopäd. Vergl. §. 20.

Hydătis (*kurz*), die Wasserblase; υδατις, von υδωρ, υδατος, das Wasser.

Αλλ' υδατι νιζοντες απο βροτον αιματοεντα. HOMER. ILIAS.

Hydrarthrōsis (*lang*), Gelenkwasser, von υδωρ und αρθρον, das Glied, das Gelenk.

Hydrargȳrum (*kurz*), das Quecksilber; υδωρ, das Wasser, und αργυρον, das Silber, also flüssiges Silber.

Πολλος δε χρυσος τε και αργυρος ενδον εκειτο. HOMER.

Hydragōgus (*lang*), wasser-, harntreibend; υδραγωγος, von υδωρ, das Wasser, und αγειν, (αγωγων), ich treibe, befördere. Vergl. §. 7.

Ηδ' αργαλεους υδραγωγους. MAN. I. 84.

Hydrocēle (*lang*), der Wasserbruch; υδροκηλε, von υδωρ und κηλη, die Geschwulst. Vergl. §. 43.

Hydrophŏbus (*kurz*), wasserscheu; υδροφοβος, von υδωρ und φοβος, die Furcht. Vergl. §. 42.

Θεσπεσιον γαρ σφιν φοβον εμβαλε Φοιβος Απολλων. HOMER.

Hydrops, hydrōpis (*lang*), die Wassersucht; υδροψ, υδρωπος. Vergl. §. 35. der prosodischen Regeln.

Hydrothīon (*lang*), der Schwefelwasserstoff; υδροθειον, von υδωρ, das Wasser, und θειον, der Schwefel. Vergl. in prosodischer Hinsicht §. 5. Also nicht hydrothĭon!

Hydrothōrax (*lang*), die Brustwassersucht, von υδωρ und θωραξ, der Brustkasten.

Θωρηκος τοθι χονδρος υπερ κυτος εζετο γαστρος. NICAND.

Hydropĭper (*kurz*), der Wasserpfeffer, eigentlich eine *vox hibrida*, von *υδωρ* und *piper* zusammengesetzt; *υδροπεπερι*. *Dioscorides.*

Et pĭper, et quicquid chartis amicitur ineptis.

Horat. Epist.

Hygiēa (*lang*), die Gesundheit, die Göttin der Gesundheit; *υγιειη*, von *υγιος*, *υγιης*, gesund, blühend, kräftig. Vergl. §. 6.

Hygiēne (*lang*), die Gesundheitslehre, **Hygieine**, *υγιεινη*, von *υγιος*, gesund. Vergl. §. 6. der Regeln.

Hymen, hymĕnis (*kurz*), das Jungfernhäutchen, das Hymen, *υμην*, *υμενος*.

Παντα διεσκηνιψε, και εξ υμενων ετναξε. Nicand.

Nulla Venus, non ulli animum flexere hymĕnaei. Virgil.

Hyoscyămus (*kurz*), das Bilsenkraut; *υοσκυαμος*, eigentlich Saubohne, von *υς*, *υος*, das Schwein, und *κυαμος*, die Bohne.

Μη μεν υοσκυαμω τις αιδρηεντα κορεσκοι. Nic. Alex.

Si quis hyoscyămum gustavit lacte capellae. Q. Seren.

Hypercrĭsis (*kurz*), die übermässige Krise, oder übermässige kritische Entleerung, von *υπερ*, über, und *κρισις*, die Entscheidung, die Krise. Vergl. §. 42.

Δη γαρ εφωμαρτησεν ολιζοτερη κρισις ουρων. Nicand.

Hyperemĕsis (*kurz*), das Ueberbrechen, zu starkes Erbrechen, von *υπερ*, über, überflüssig, und *εμεσις*, das Erbrechen. Die Penultima ist kurz; es gehört das Wort zu den Ausnahmen der Endungen auf *esis*. Vergl. §. 38.

Hyperīcum (*lang*), das Hartheu, das Johanniskraut, von *υπερ*, über, und *ερεικη*, die Haide, weil es sich über die kleinen Haiden erhebt. Die Penultima ist lang, wiewohl sie *Borrich* und *Beckmann* kurz bezeichnen. Vergl. §. 10.

Ουρειην υπερεικον οϑ' υσσωπον ορυδαμνους. Nic. Alex.

Hyperostōsis (*lang*), die Knochenwucherung; *υπεροστωσις*.

Hypochȳma (*kurz*), der graue Staar; *υποχυμα*, von

υπω und *χεω*, ich giesse; *suffusio*, *cataracta*, Benennungen, die von der damaligen Entstehungsansicht des Uebels entnommen sind.

Hypochўsis (*kurz*), der graue Staar; *υποχυσις*, von *υπο* und *χυσις*, *χεω*. Man könnte diesen Ausdruck auch für *sugillatio* adoptiren.

Παυρον υποψοφερον καλαμης χυσιν οια διερπει. NICAND.

Hypogўna (*kurz*), unter dem Samenknoten; *υπογυνη*, von *υπω*, unter, und *γυνη*, das Weib. Vergl. in prosodischer Beziehung §. 42. der Regeln.

Απτομενα δε γυνα κεφαλας μυθησατο παιδων. THEOCRIT.

Hypolўsis (*kurz*), die beginnende Lähmung; *υπολυσις*, von *υπο* und *λυσις*. Vergl. §. 42.

Απροϊδη τυψαντα, λυσιν δ' ετεραλκεα κηδευς. NICAND.

Hypophўsis (*kurz*), der graue Staar; *υποφυσις*, von *υπο* und *φυσις*, die Unter-Entstehung, was unvermerkt, gleichsam unter der Hand entsteht. S. *Kraus*.

Εκ γαιης ερυσας και μοι φυσιν αυτον εδειξεν. HOMER.

Hypopĭon (*kurz*), die Blut- oder Eiteransammlung am Auge; *υποπιον*, von *υπο* und *οψ*, *οπος*, das Auge.

Hypozōma (*lang*), das Zwerchfell; *υποζωμα*, die Scheidewand, von *υπο* und *ζωννυμι*, ich gürte, spanne. Vergl. §. 7.

Ζωμον δε βρομεοντα καταντλασον, αυτον απ' αυτου. NIC.

Hyssōpus (*lang*), der Hyssop; *υςςωπος*. Sehr häufig hört man die Penultima **fälschlich** kurz ausgesprochen!!

Αλλοτε δ' υσσωπος τε και πολυγωνος ονωνις.

NICAND. THER.

In vino prius hyssōpum validam quoque rutam. Q. SEREN.

Hystĕra (*kurz*), die Gebärmutter und **hystĕron**, die Nachgeburt; *υστερον*, eigentlich das Hintere, Untere, Spätere.

Τηναις αρνα λαβειν, τυ δε ταν οϊν υστερον αξεις.

THEOCRIT.

Hysterostŏma (*kurz*), der Muttermund; *υστεροστομα*,

von υστερα, die Gebärmutter, und στομα, der Mund. Vergl. §. 42. der prosodischen Regeln.

Αργω, και νιφοεντος ατεργτηρον στομα Ποντου.

THEOCR. IDYLL.

Hysterotŏmus (*kurz*), die Mutterschneide, ein Instrument, von υστερα und τεμνω (τομος), ich schneide.

Ες βορεην ανεμον τας κορθυος α τομα υμμιν. THEOCRIT.

I.

Jacēa (*lang*), Stiefmütterchen, nach Einigen von ιον, das Veilchen; daher *viola tricolor*, Bauhine; nach Anderen von *jacere*, liegen, weil mehrere Arten dieser Pflanze an der Erde kriechen, liegen. *Trevoux Dictionnaire.* Die Penultima ist lang, man könnte wohl sagen *ex usu.*

Jasiōne (*lang*), eine Pflanze; Ιασιωνη. Nicht Jasiŏne, wie man so häufig zu hören Gelegenheit hat.

Ενδυμιων· ζαλω δε, φιλα γυναι, Ιασιωνα. THEOCRIT. IDYLL.

Jasmĭnum (*kurz*), Jasmin; es soll von ιασμη, herkommen, welches ein wohlriechendes ätherisches Oel bedeutet. Man hört zwar allgemein Jasmīnum pronunciren, wozu gewiss die Aussprache des deutschen Jasmīn verleitet. Die Penultima ist kurz, wie bei allen Adjectiven auf *inus*, *a*, *um*, die von leblosen Gegenständen herkommen; z. B. balsamĭna, cristallĭnus, u. s. w.

Jatrĭce (*kurz*), die Heilkunde; ιατρικη, sc. τεχνη, von ιαομαι, heilen, ιατρος, der Arzt. Die Penultima ist kurz, wie in physĭce, logĭce etc. Vergl. §. 11.

Jatrŏpha (*kurz*), Brechnuss; *Linné* derivirt es in seiner *phil. botan.* von ιατρον, das Mittel, und φαγω, ich esse ! ?

Ictĕrus (*kurz*), die Gelbsucht, von ικτερος, ein gelber

Vogel, durch dessen Erblicken man ehemals von dieser Krankheit geheilt zu werden glaubte.

Ικτεροεις σαρκες δε περιστολαδην μινυθουσι. Nic. Alex.
Consulit ictĕricae, lento de funere matris. Juvenal.

Ichthyolĭthus (*kurz*), der Fischstein, von *ιχθυς*, der Fisch, und *λιθος*, der Stein. Vergl. §. 42.

Incŭbus (*kurz*), das Alpdrücken, der Alp, von *incumbo*, *incubo*, aufliegen, von dem Gefühl, welches man beim Alpdrücken empfindet.

Vellera dependent: humero levis incŭbat hasta. Ovid.

Indĭcans (*kurz*), anzeigend, von *indicare;* dieses Wort ist wohl zunächst von *index*, *indĭcis*, und dies erst von *in* und *dico* gebildet.

Insānus (*lang*), ungesund, wahnsinnig, von *in* und *sanus*, dieses von *σαος*, *salvus*.

Insānos qui inter vereare insānus haberi? Horat.

Intertrīgo (*lang*), das Wundsein, das Aufgeriebensein, von *inter*, zwischen, und *terere*, reiben, wenn man sich beim Gehen oder Reiten wund gerieben hat.

Intestīna (*lang*), die Eingeweide, von *intus*, *interus*, *εντερος*, inwendig.

Nimirum, et capiunt plus intestīna poëtae. Juvenal.

Intŷbus (*kurz*), die Cichorie, Endivie.

Intŷba, jam teneris, frondens lactucula fibris. Columell.

Inŭla, Enŭla (*kurz*), Alant; von *ελλενιον*, Hellenium wahrscheinlich verdorben. *Kraus.*

Foecundusque rumex, malvaeque inŭlaeque virebant.
Virgil.

Iridodialŷsis (*kurz*), die Trennung der Iris, von *ιρις*, *ιριδος*, der Regenbogen, die Regenbogenhaut, und *διαλυσις*, die Loslösung, Ablösung.

Απρωιδη τυψαντι, λυσιν θ᾽ ετεραλκεα κηδευς. Theocr.

Jodētum (*lang*), das Jodet, eine Jodverbindung. Die Penultima ist lang, wie bei den Substantiven auf *etum;* z. B. quercētum, chlorētum. Vergl. §. 31.

Irrīto (*lang*), ich reize, *unguentum irrītans*, eine reizende Salbe; nicht irrĭtans, wie man so oft hört.

Segnius irrītant animos demissa per aurem. HORAT.

Isătis (*kurz*), der Waid; *ισατις*, eine blaufärbende Pflanze, daher *ισατιωδης*, bläulich, waidfarbig.

Ischĭas (*kurz*), das Hüftweh; *ischias* sc. *dolor*, *ισχιας*, von *ισχιον*, die Hüfte; dieses von *εχω*, *ισχω*, halten, weil die Hüften die ganze Last des Körpers halten müssen.

Φυρματι μυδαλεος προΐαπτεται· ισχια δ' αυτως. NICAND.

Junipĕrus (*kurz*), Wacholder, von *junior*, jünger, und *pario*, ich bringe hervor, der immer jüngere Beeren bringt, weil immer schwarze reife und grüne Beeren zusammen wachsen? *Scheller*.

Junipĕri gravis umbra, nocent et frugibus umbrae.
VIRGIL ECLOG.

Jugŭlum (*kurz*), die Kehle, von *jugo*, *jungo*, ich verbinde; *juguli*, die Schlüsselbeine, welche Schulter und Brust befestigen; dann *jugulum*, die Stelle zwischen den Schlüsselbeinen; vielleicht auch, weil die Kehle Kopf und Rumpf verbindet.

Electrae jugŭlo se polluit, aut Spartani. JUVENAL.

Jūlus (*lang*), der Haarflaum, die Wolle am reifen Obst; *lanugo*, *ιουλος*.

Exuit et gressu gaudens incedit Jūli. VIRGIL AENEIS.

Οιδα γε μην και ιουλος α μηδεται ηδ' ολοος αφηξ.
NICAND.

L.

Labĭum (*kurz*), die Lippe, nach *Voss* von *λαμβανειν*, *λαβειν*, nehmen, weil man die Speisen mit den Lippen nimmt, oder von *lambo*, ich lecke.

Lacrȳma (*kurz*), die Thräne; *δακρυ, δακρυμα, fletus*, das Weinen.

Et simulacra deûm **lacrĭmas** fudisse tepentes. TIBULL.

Lactĕus (*kurz*), von Milch, milchern, von *lac, lactis, γαλα, γαλακτος*, חלב *(chalab)*, *le lait*; Alles von einem Stamme. Die Penultima ist kurz nach der Regel *vocalis ante vocalem brevis*. Vergl. §. 4.

Lactĕa demittunt: pinguesque in gramine laeto. VIRGIL.

Lactūca (*lang*), Lattich, von *lac*. *Pallad. Janur.* sagt: *Lactūca dicta est, quod abundantia lactis exuberet*. Die Endung *ucus*, *a*, *um* hat die Penultima lang; z. B. festūca, cadūcus. Vergl. §. 12.

Claudere quae coenas **lactūca** solebat avorum. MARTIAL.

Ladănum (*kurz*), das Harz der Cistenrose (*cistus ladaniferus*), *ληδανον*, von *λαδα, ληδον*, die Cistenstaude. Vergl. über die Kürze der Penultima §. 15. Falsch ist des Vers eines Dichters des 5ten Jahrhunderts, wo die vorletzte lang steht.

Cyprum **ladānum**, Sagapenumque et tragachantum.
MARCELL.

Lagōpus (*lang*), der Hasenklee; bei *Dioscorides λαγωπους*, von *λαγος*, der Hase, und *πους*, der Fuss, wegen der entfernten Aehnlichkeit. Vergl. §. 7.

Lambdoīdes (*lang*), Lambdaähnlich; *λαμβδοειδης*, von dem Buchstaben *Λ* und *ειδος*, die Gestalt, Form.

Lapăthum (*kurz*), Ampfer; *λαπαθον*, von der Stadt *Lapathus* in Cyprus? Andere leiten es wie das folgende von *λαπαζω*, entleeren, wegen seiner purgirenden Wirkungen ab.

Et **lapăthi** brevis herba, sed albo non sine Cov. HORAT.

Lapsăna (*kurz*), der Rainkohl; *λαψανα*, von *λαπαζω*, ich leere aus; *quia alvum emolliat et vacuat. Martin lex. philol.* Die Penultima ist kurz, indem sie zu den Ausnahmen der Wörter auf *anus*, *a*, *um* gehört. Vergl. §. 15.

Laudănum (*kurz*), das Laudanum. Hier zeigt es sich deutlich, welchen Werth die Etymologie für die Prosodie habe. Leitet man laudănum von *laudare*, loben (ein lobenswerthes Mittel), her, so wäre die vorletzte lang, von *Labdanum* hingegen derivirt, ist sie kurz. Wahr und entscheidend erklärt *Boissonadius ad Herodiani Ephemerismos* (*Londin.* 1819. 8. *pag.* 224) über dieses Wort: *Permutationis των υ et β innumera in codicibus exemplu habemus, ut ϱαυδος pro ϱαβδος. Pertinet huc* Laudănum, *idem prorsus nomen ac* Labdănum. *Alii enim* Labdănum *scripserunt, alii* Laudănum*). Derselben Meinung ist der berühmte *Fr. Aug. Wolf*, der es auch von *Labdana* und nicht von *laudare* ableitet. Vergl. *Fr. Aug. Wolf* literarische Analekten II. 547. — S. §. 15.

Laurĕa (*kurz*), der Lorbeer, von *laurus*. Die Penultima ist kurz nach der Regel: *vocalis ante vocalem brevis est.* Vergl. §. 4.

Et succenta sacris crepitet bene laurĕa flammis. TIBULL.

Lauroceräsus (*kurz*), der Kirschlorbeer, von *laurus* und *cerasus*, *κεϱασος*.

Ut ceräsis ulmisque etiam Parnasia laurus. VIRGIL.

Lavandŭla (*kurz*), der Lavendel, von *lavare*, waschen; *lavandula a lavando dicitur, quod inserviat fomentis et lotionibus. Beckmann.* Vergl. §. 20.

Leiotrĭchus (*lang*), glatthaarig, von *λειος*, glatt, und *θϱιξ, τϱιχος*, das Haar. Ueber die Prosodie des Wortes siehe §. 43.

Τις τϱιχας αντ' εϱιων επωκιζατο; τις δε παϱευσας. THEOCR.

Legūmen (*lang*), die Hülse, Hülsenfrucht, von *legere*,

---

*) Wir haben in den *codicibus* unzählige Beispiele der Verwandlung des *υ* und *β*; z. B. *ϱαυδος* für *ϱαβδος*. Hierher gehört auch Laudănum, ganz dasselbe Wort wie Labdănum. Denn die Einen schrieben Labdänum, die Andern Laudănum.

lesen, aussuchen; weil sie abgesucht, gepflückt werden; *legumina, quae velluntur e terra, non subsecantur, unde et legumina appellantur, quia ita leguntur. Plinius.* Die Penultima ist lang, wie in alūmen, bitūmen etc. Vergl. §. 28.

Nec non et calami radix lapathique legūmen. Q. SEREN.

Lentīgo *(lang)*, die Sommersprosse, von *lens*, *lentis*, die Linse, wegen der Aehnlichkeit so benannt. — Die Endung *igo* hat die Penultima stets lang; z. B. vertīgo, fulīgo etc. Vergl. §. 24.

Invida si maculet faciem lentīgo decoram. Q. SEREN.

Leontōdon *(lang)*, der Löwenzahn, eine Pflanze; von *λεων*, der Löwe, und *οδους*, der Zahn. Ueber die Länge der vorletzten Sylbe kann wohl kein Zweifel erhoben werden, wiewohl allgemein dagegen gefehlt wird. Man vergleiche *Buttmanns*'s ausführliche griechische Sprachlehre (Berlin 1827 II., §. 120, 3), wo es heisst: »Die mit *α*, *ε*, *ο* anfangenden Wörter pflegen auch ohne Zusammenziehung ihre Vokale in *η* oder *ω* zu verwandeln. Hierher gehören: *οδυνη*, *ονομα*, *αμαλος*, *οδους*; z. B. *ανωδυνος*, *ανωνυμος*, *ανωμαλος* etc.« — Schon die Analogie mit *χαλκωδων* (mit ehernen Zähnen), von *χαλκος* und *οδους*, sollte hierüber belehrend genug sein. — So muss es heissen: monōdon, diōdon, tetrōdon, mylōdon, *μονωδων*, *διωδων*, *τερωδων*, *μυλωδους*.

Η προς τα χαλκωδοντος Ευβοιας σταθμα.

SOPHOC. PHILOCT. V. 489.

Leprōsis *(lang)*, die Leprakrankheit; *λεπρωσις*, von *λεπρα*, *lepra*, der Aussatz. Vergl. §. 39.

Letālis *(lang)*, tödtlich, von *letum*, der Tod; dieses von *lethe*, *ληθη*, das Vergessene, das Sterben. Vergl. in prosodischer Beziehung §. 13.

Letāli quae grassatur quartana calore. Q. SEREN.

Leucoĭon *(kurz)*, die Levkoie; *λευκοιον*, das weisse

Veilchen, von λευκος, weiss, und ιον, das Veilchen. Das Wort ist viersylbig, nicht, wie man oft hört, dreisylbig.

Η και λευκοΐων στεφανον περι κρατι φυλασσων. Theocrit.

Leucōma *(lang)*, der weisse Fleck in der Hornhaut, das Leukom, λευκωμα, von λευκος, weiss.

Leucōsis *(lang)*, die Weisssucht, Albinismus. Vergl. §. 39.

Lichen, lichēnis *(lang)*, das Moos, die Flechte; λειχην, λειχηνος, von λειχω, *lingo*, ich lecke, weil es immer weiter um sich herum leckt, kriecht. — Nicht lichĕnes! Nicht, wie ich schon gehört habe, gelatīna lichĕnis!!

Ιππειον λειχηνα, και εν κυκλαμινον αγειρας.
Nicand. Theriac

Nec triste mentum sordidique lichēnes. Martial XI., 98.

Lien, liēnis *(lang)*, die Milz, von λειος, glatt, leicht, weich; wie das deutsche Milz von mild. Vergl. *Voss*; auch *Kraus* ist dieser Ableitung nicht abgeneigt.

Lipōma *(lang)*, die Fettgeschwulst; λιπωμα, λιπα, λιπος, das Fett. Ueber die Prosodie siehe §. 40.

Liquĭdus *(kurz)*, flüssig, von *liqueo*, ich mache flüssig, *liquor*, die Flüssigkeit. Vergl. §. 14.

Crassaque conveniunt liquĭdis, et liquĭda crassis.
Lucret.

Lithagōgon *(lang)*, steintreibend, von λιθος, der Stein, und αγωγων, treibend, von αγω. Ueber die Prosodie dieses Wortes siehe emmenagōgum. —

Lithargўrum *(kurz)*, Bleiglätte, λιθαργυρον, von λιθος, der Stein, und αργυρον, das Silber.

Εχθομενη δε σε μη τι λιθαργυρος αλγινοεσσα. Nic. Alex.

Lithīon *(lang)*, das Lithium; λιθειον, von λιθος, der Stein, gebildet. Irrthümlich spricht man es allgemein Lithĭum.

Livĭdus *(kurz)*, fahl, erdfahl, von *liveo*, bleifarbig sein.

Livĭda materno fervent adipata veneno. Juvenal. Satyr.

Lochĭa *(lang)*, die Lochien, die Wochenreinigung; λοχεια, von λοχος, die Kindbetterin; το λοχος, das Bett, *lectum*. S. *Kraus*. Fälschlich wird fast immer lochĭa pronuncirt!

Ηξει κλυουσα λοχει' εμου νοσηματος.

Lolĭum *(kurz)*, Lolch; nach *Voss* von δολιον, *adulterinum*, Unkraut. Die Penultima ist kurz nach der Regel: *vocalis ante vocalem brevis*. Vergl. §. 4.

Et careant lolĭis, oculos vitiantibus agri. OVID. FAST.

Lonchădes *(kurz)*, das Weisse im Auge, λογχαδες, *albuginea*, von λογχας, λογχαδος. Die Etymologie dieses Wortes ist sehr dunkel.

Lonicēra *(lang)*, die Lonicere, das Geisblatt; den Namen hat die Pflanze von einem berühmten Botaniker *Lonicer*. Die Penultima ist lang, wie in Lavatēra, Bergēra etc.

Lordōsis *(lang)*, der vorn befindliche Höcker; λορδωσις, von λορδος, vorwärts gebogen. Nicht lordŏsis. Vergl. §. 39.

Lucīna *(lang)*, die Göttin der Entbindungen; Lucina, von *lux*, Licht, heisst eigentlich die an's Licht bringende Göttin; *Juno*, die Urheberin des Lichts, doch auch die hilfreiche Göttin, *lucem adferens*, Hilfe gewährend.

Altera tum primos Lucīnae experta labores. VIRGIL GEORG.

Lumbricoīdes *(lang)*, regenwurmförmig, ein hybrid gebildeter Ausdruck, von *lumbricus*, der Regenwurm, und ειδος, die Gestalt, Form.

Lumbrīcus *(lang)*, der Regenwurm, *Martinius* leitet es sehr gesucht her: *quod ex* λυματι βρυει, *quod e sordibus scatet*, weil es aus dem Schmuze hervorkommt, weil es aus der Erde kriecht; Andere von *lumbus*, *quasi lumbicus*. Sollte es nicht mit *lubricus*, schlüpfrig, glatt, in Verbindung stehen? — Ueber die Prosodie vergl. §. 11.

Lumbrīci quoque terrestres miscentur olivo. Q. SEREN.

Lyssēter (*lang*), der Rasende; *λυσσητηρ*, *maniacus*, von *λυσσαω*, ich mache wüthend, *λυσσα*, die Wuth.

Τουτον δ' ου δυναμαι βαλεειν κυνα λυσσητηρα. Homer.

M.

Machĭna (*kurz*), die Maschine; *μηχανη*. Die Penultima ist kurz, weil das Wort eine Ausnahme der Endung *inus*, *a*, *um* ist. Vergl. §. 16.

Torquet nunc lapidem, nunc ingens machĭna tignum.
Horat. Epist.

Macĭes (*kurz*), die Abmagerung, Abzehrung, von *maceo*, ich magere ab; dieses vielleicht von מק (*mak*), *tabes*, das Schwinden, Abmagern.

Quid macĭes aegri veteris, quem tempore longo. Juvenal.

Macrocephălus (*kurz*), der Dickkopf; *μακροκεφαλος*, von *μακρος*, gross, und *κεφαλη*, der Kopf.

Την δ' ανακυπωσας, κεφαλης απο θυμον αραξει. Nicander.

Macrŏpus (*kurz*), langfüssig; *μακροπους*, von *μακρος*, gross, und *πους*, der Fuss. Vergl. §. 7.

Macŭla (*kurz*), der Fleck, von *μυκλαι*, schwarze Striche? — *Isid.*

Offendar macŭlis, quas aut in curia fudit. Horat.

Madarōsis (*lang*), das Ausfallen der Wimpern; *μαδαρωσις*, auch Milphōsis, von *μαδαρος*, haarlos, kahl; eigentlich auf das Beraubtsein des Haarschmucks am ganzen Körper anwendbar.

Magīra (*lang*), die Kochkunst; *μαγειρος*, der Koch; doch bestimmt verwandt mit *μαγος*, *magus*, der Magier; weil im Mischen und Kochen der Kräuter wohl der Hauptzauber bestand; so sagen wir: Hexenküche, Teufelsküche u. s. w. Vergl. über die Prosodie §. 6.

Ουδ' οσα προς θοινην μεροπων τευχουσι μαγειροι. Homer.

Magnes, magnētis (*lang*), der Magnet, Magnetstein; μαγνης, μαγνητος. Er soll seinen Namen daher haben, dass er aus Magnesien und Lydien kam. Vergl. §. 7.

Majorāna (*lang*), der Majoran, bei *Myrepsus* μαγγυρανα, von *magnus*, *quod majori cura colatur quam ceterae plantae? Borrich*, *Beckmann*. Die Penultima ist lang, wie bei quartāna, bardāna. Vergl. §. 15.

Mandragŏra (*kurz*), der Alraun; μανδραγορας. Da *Columella* die Pflanze semihomo, und *Pythagoras* ανθρωπομορφον nennt, so möchte ich wagen, das *M* für eine Abkürzung von ημι, halb, *andra* von ανηρ, ανδρος, abzuleiten, also gleichsam Hemandragora, wobei freilich die beiden letzten Sylben unerklärt bleiben.

Nec non Mandragorae gustu sopor additur altus.

Q. Seren.

Mangănum (*kurz*), das Mangan, der Braunstein; *manganesium*, von *magnes*, *magus* u. s. w.; μαγγανον, der Betrug, die Mengung (Giftmischerei?). *Kraus.* In prosodischer Hinsicht vergl. hierüber §. 15.

Manĭa (*kurz*), die Wuth, Raserei, μανια, von *manes*, die Manen, *maniae*, hässliche Menschenfiguren aus Mehl; bei *Amot* nnd *Festus* heisst *mania* ein Schreckbild für Kinder, ein Popanz.

Συν δε κακαις μανιαις και παρθενον εκ θαλαμοιο.

Theocrit.

Marmarўgae (*kurz*), Flimmern vor den Augen; μαρμαρυγαι, von μαρμαρυγω, funkeln, flirren, flimmern.

Μαρμαρυγας θηειτο ποδων, θαυμαζε δε θυμω.

Homer Odyss.

Masculīnus (*lang*), männlich, von *mas*, *masculus*, *mas*, *maris*, von *Mars*; nach *Voss*. von αρρην, αρσην, kräftig. Die Adjectiva auf *inus*, die von lebenden Dingen hergeleitet werden, haben die Penultima lang. Vergl. §. 16.

Massēter (*lang*), der Kaumuskel; μασσητηρ, sc. μυς, von μασσαομαι, kauen, *mando*, *mastico*. Vergl. in prosodischer Hinsicht §. 6. der Regeln.

Mastĭche (*kurz*), der Mastix; μαστιξ, von μαστω, μασσαομαι, kauen, weil es häufig als Kaumittel benutzt wird.

Rugarum sulcos lentisci mastĭche tendens. Q. Seren. 159.

Mastoïdes (*lang*), brustwarzenförmig; μαστοειδης, von μαστος, μαζος, die Brust, die Warze derselben, und ειδος, die Form, Gestalt, Aehnlichkeit.

Matricālis (*lang*), sc. *herba*, das Mutterkraut, von *mater*, *matris*, von seiner dem Uterus wohlthuenden Wirkung so benannt. Die Penultima ist lang, wie bei allen Adjectiven auf *ālis*; z. B. Mercnriālis, digitālis, nasālis. Vergl. §. 13.

Matūrus (*lang*), reif, nach *Nunnesius* von πεπειρος, was dasselbe bedeutet. Die Endung *ūrus*, *a*, *um* hat eine lange Penultima; z. B. natūra, fractūra. Vergl. §. 18.

Summa tamen, quod jam calida matūra juventa. Juvenal.

Maxillāris (*lang*, den Kiefer betreffend, von *maxilla*; dies ist entweder nach *Voss etymol.* ein Diminutivum von *mala*, die Kinnlade, oder von *mando*, μασσαω, ich kaue, gebildet. Vergl. über die Prosodie §. 18.

Medēla (*lang*), das Heilmittel, die Kur, von *medium*, das Mittel, *medeor*, ich heile. Die Endung *ela* ist in der Penultima stets lang; z. B. cautēla, candēla u. s. w. Vergl §. 44.

Hinc tractato locum, miram experiere medēlam. Q. Seren.

Mediastīnum (*lang*), das Mittelfell; ist wohl von *medius* herzuleiten, bei den Alten hiess *mediastīnus* ein Bedienter, eine Mittelsperson. Vergl. über die Prosodie §. 16. — Nicht mediastĭnum. Ich hörte einmal paracentēsis mediastīni thorăcis ! ! !

Tu mediastīnus tacita prece rura petebas. Horat. Epist.

Medicāmen (*lang*), das Arzneimittel, von *medeor*, ich heile, *medicus*, der Arzt. Die Endung *amen* ist in der Penultima lang; z. B. forāmen, putāmen. Vergl. §. 27.

Omnia tentabo latis medicāmina terris. Ovid. Fast. V. 243.

Medicātus (*lang*), arzneilich, von *medicari*, *medicus*, *medium*. Die Endung *atus* ist lang wie in rosātus, crocātus u. s. w.

Ipsae consident medicātis sedibus: ipsae. Virgil Georg.

Medicīna (*lang*), die Medizin, als Kunst und Medicament, von *medicus*, *medicamen*, *medium*, *medicor*.

Crede mihi, non ulla tuae est medicīna figurae.
Propert. Ecl.

Et medicīna triplex, servare, cavere, mederi.
Auson. Idyll.

Medĭcus (*kurz*), der Arzt, von *medius*, der mittlere, der Mittler zwischen Tod und Leben, Gesundheit und Siechthum. — Für die, welche trotz des so deutlichen und plausiblen Ursprungs das Wort noch von *Medien*, also ein *Meder*, Zauberer, Giftmischer, herleiten dürften, bemerke ich, dass dann das *m e* der ersten Sylbe lang sein müsste, während es hier kurz ist.

Assideat, fomenta paret, medĭcum roget, ut te.
Horat. Serm.

Melanōsis (*lang*), die Schwarzsucht; *μελανωσις*, von *μελας*, schwarz. Vergl. §. 39.

Melicēris (*lang*), die Honiggeschwulst; *μελικηρις*, von *μελι*, der Honig, und *κηρος*, *cera*, der Wachs. Vergl. §. 6. der prosodischen Regeln.

Ερρεε μοι φωνα γλυκεροτερα η μελικηρω. Theocr. XX.

Melilōtus (*lang*), Melotte; *μελιλωτος*, von *μελι* und *λωτος*, Honiglotus? Siehe §. 7.

Συν δε μελιλωτοιω νεον στεφος, ηδ' οσα χαυνης.
Nicand. Theriac.

Pars thyma, pars casiam, pars melilōton amat.
Ovid. Fast.

Mellītus (*lang*), honigsüss, von Honig; von *mel*, der Honig.

Pane egeo jam mellītis potiore placentis. Horat. Epist.

Mĕlomĕli (*kurz*), der eingemachte Quittensaft; *μηλομελι*, von *μηλον*, die Quitte, und *μελι*, der Honig.

Membrāna (*lang*), die Haut, von *membrum*, das Glied, *membrana* sc. *scutis*, die Haut, die die Glieder bedeckt.

Membrānis intus positis delere licebit.

HORAT. DE ARTE POET.

Membranacĕus (*kurz*), häutig, von *membrana*. Die Penultima ist kurz *ex vocali ante vocalem*. Vergl. §. 4.

Menstrua (*kurz*), die monatliche Regel; *menstrua* sc. *purgatio*, von *mensis*, der Monat, *menstruum sanguinis profluvium*, sagt *Plinius*. Vergl. §. 4.

Ast ubi conversis post menstrŭa tempora habenis. AUSON.
Menstrŭus immenso si profluit impetu sanguis. Q. SEREN.

Mentăgra (*kurz*), das Kinnleiden, die Kinnflechte (ein chron. Exanthem), gebildet nach podăgra, chirăgra, eigentlich ein altes hybrides Wort, von *mentum*, das Kinn, und *αγρα*, das Fangen, Einnehmen, ein Uebel, welches das Kinn ergreift. Nur bei Dichtern ist die Penultima lang, in der Prose kurz, *ex muta cum liquida*. Vergl. §. 5. Vergl. chirăgra.

Mephītis (*lang*), die Pestausdünstung, der Gestank; die *Mephitis* war eine Göttin der pestilenzialen Dünste.

Fonte sonat, saevamque exhalat opaca mephītim. VIRGIL.

Mercuriālis (*lang*), eine Pflanze; auch merkuriell, von Quecksilber herrührend. Ueber die Prosodie vergleiche §. 13.

Vincetur talis mora gramine Mercuriāli. Q. SEREN.

Mesembryanthĕmum (*kurz*), die Zaserblume; *μεσεμβρυανθεμον*, von *μεσον*, mitten, *εμβρυων* und *ανθεμον*. *Dillenius*. *Beckmann*.

Ανθεμ' ορειχαλκου χρυσοιο τε τιμηεντος. HOMER.

Mesocōlon (*lang*), der Grimmdarm, von *μεσος*, mitten, und *κωλον*.

Mesomphălon, (*kurz*), die Mitte des Nabels, der Nabel, von μεσος und ομφαλος. Vergl. in prosodischer Hinsicht §. 9. der Regeln.

Ασπις δ' ην λυχνου το μεσομφαλον· ηδε νυ λογχη.

HOMER.

Mespilus (*kurz*), die Mispel; μεσπιλον, von μεσος und σπιλος, das Steinchen, weil die Mispel steinharte Kerne in der Mitte enthält.

Mespĭlus admisso germine tuta subit. PALLAD. XIV.

Metamorphōsis (*lang*), die Verwandlung, die Veränderung, von μετα, um, und μορφη, die Gestalt, also die Umgestaltung.

Hac metamorphōsi non delirare poetas. MARTIAL.

Metastăsis (*kurz*), die Versetzung einer Krankheit; μεταστασις, die Umstellung an einen andern Ort, von μετα und ιστημι.

Meteōron (*lang*), die Lufterscheinung; μετεωρον, von μετα und εωρα, die Schwebe, was in der Luft schwebt. Sollte es sich nicht auch von μετα und οραω, ich sehe, erblicke, herleiten lassen?

Methŏdus (*kurz*), die Methode; μεθοδος, von μετα, nach, und οδος, der Weg, also die Nachfolge auf einem vorgezeigten Wege.

Quo logos, aut methŏdos, cuique experientia nomen.

AUSON.

Metōpon (*lang*), die Stirn; μετωπον, von μετα und οψ, das Gesicht, was mitten über den Augen sich befindet.

Παν δ' απεσυρε μετωπον ες οστεον, αυταρ ο πλαγεις.

THEOCR.

Metrītis (*lang*), die Gebärmutterentzündung; μητριτις, μητρα, *mater*, *uterus*, die Mutter.

Mezerĕum (*kurz*), Seidelbast, Kellerhals, ein barbarisches Wort, dessen Penultima ich nach §. 4. der prosodischen Regeln kurz brauche; nach *Ruellius* bedeutet das Wort Mezerĕum so viel wie tödtlich, weil, wie er sagt: *folia amara, gustata acriter mordent, faucesque ac guttur vellicatu lucessunt.*

Millepĕdes (*kurz*), Kelleresel, von *mille*, tausend; bei *Plinius*: *Millepĕda*, *centipĕda*, *multipĕda*. Es heisst also nicht *millepēdes*, wie ich oft zu hören Gelegenheit hatte.

Mimōsa (*lang*), die Sinnpflanze, von *Mimus*, ein Pantomimiker, *cujus motus imitari videtur herba*. *Tournefort*.

Minĭum (*kurz*), Mennig, vom Flusse *Minius* in Spanien, so genannt. *Vitruv*.

Nec titulus minĭo, nec cedro charta notetur. OVID.

Misanthrōpos (*lang*), der Menschenfeind, von *μισω*, ich hasse, und *ανθρωπος*, der Mensch.

Τιμων μισανθρωπος ενοικεω αλλα παρελθει. EP. I. 3.

Momordica (*kurz*), der Balsamapfel, von *mordeo*, ich beisse, von dem scharfen Samen so genannt. *Linné Philos. botanic.* Vergl. §. 11.

Molīmen (*lang*), die Bemühung, von *moliri*, unternehmen, streben. Vergl. über die Prosodie §. 29.

Molāris (*lang*), mahlend, zur Mühle gehörig, *dens molaris*, von *mola*, die Mühle.

Advocat et ramis vastisque molāribus instat.
VIRG. AENEIS.

Monentĕron (*kurz*), der Eindarm, der Grimmdarm; *μονεντερον*, von *μονος*, eins, und *εντερον*, das Eingeweide.

Ηι και εντερα γης οια τρεφε ομβριμος αια. NICAND.

Monocĕras (*kurz*), Einhorn, von *μονος* und *κερας*, das Horn.

Του κερα εκ κεφαλης εκκαιδεκα δωρα πεφυκει. HOMER.

Monōdon (*lang*), der Einzahn, einzähnig, von *μονος* und *οδους*, der Zahn. Die Penultima folgt der Quantität von *χαλκωδων*, *λεοντωδων* u. s. w. S. **Leontōdon**.

Monopetălum (*kurz*), einblätterig, von *μονος* und *πεταλον*, das Blumenblatt.

Χλωροισιν πεταλοισιν κατηρεφεες κομοωσαι. THEOCR.

Monŏpus (*kurz*), der Einfuss, einfüssig, von *μονος* und *πους*, der Fuss.

Monoptĕrus (*kurz*), einflügelig, einflossig; *μονοπτερος*, von *μονος* und *πτερυξ*, der Flügel, *πεταω*, fliegen.

Moschāta (*lang*), sc. *nux*, die Muscatennuss. Der Name rührt daher, weil dieses Gewürz etwas nach *Moschus* riecht. In der Quantität dieses Wortes wird häufig gefehlt. Die Penultima ist lang, nach der Analogie, medicātus, saponātus, rosātus, crocātus u. s. w.

Mulĭer (*kurz*), das Weib, von *mollis*, weich, zart, sanft, *mulier*, *mollior viro*; oder auch von der edelsten Beschäftigung des Weibes, vom Nähren, von *mulgeo*, *αμελγω*, ich melke, daher Milch; oder von *mulceo*, ich mildere, lindere, besänftige, streichele. Alle diese Derivationen sind von den schönsten Attributen des Weibes hergenommen.

Desinat in piscem mulĭer formosa superne.

Horat. de arte poe.

Multifĭdus (*kurz*), vielspaltig, von *multum*, viel, und *findo* (*fidi*), ich spalte. Vergl. über die Prosodie §. 42. der Regeln.

Naides Hesperias trifĭda fumantia flamma. Ovid.

Mustēla (*lang*), das Wiesel, *mustela fluviatilis*, die Neunauge, eine Art Diminutivum von *mus*, die Maus. Die Penultima ist lang, wie bei medēla, candēla. Vergleiche §. 44.

Mustēlaeque cinis, vel fusus sanguis ab illa. Q. Seren.

Mydriăsis (*kurz*), die Erweiterung der Pupille, *μυδριασις*. Die Substantiva in *asis* sind stets kurz; z. B. phthiriăsis, elephantiăsis. Vergl. §. 22.

Myĕlos (*kurz*), das Mark, das Rückenmark; *μυελος*, *medulla*.

Μυελον οιον εδεσκε, και οιων πιονα δημον. Homer.

Mylōdus (*lang*), der Backenzahn, von *μυλη*, die Mühle, *mola* und *οδους*, der Zahn, *dens molaris*. Vergl. Leontŏdon hinsichts der Prosodie.

Myŏsis (*lang*), die Verkleinerung der Pupille; *μυωσις*, von *μυς*, *mus*, die Maus. Vergl. über die Prosodie der Wörter in *osis* §. 39. der Regeln.

Myosōtis (*lang*), Mäuseöhrchen, Vergissmeinnicht; *μυοσωτις*, von *μυς*, die Maus, und *ωτις*., das Oehrchen. *Plinius*.

Myrīca (*lang*), der Gagel; *μυρικη*, die Tamariske; über die Prosodie vergl. §. 11. der Regeln.

Καιοντο πτελεαι τε και ιτεαι ηδε μυρικαι. HOMER.

Non omnes arbusta juvant, humilesque myrīcae. VIRGIL.

Myroxȳlon (*kurz*), das Balsamholz; *μυροξυλον*, von *μυρον*, das Oel, d. h. Balsam, und *ξυλον*, das Holz. Vergl. über die Prosodie §. 42.

Εντι δρυος ξυλα μοι, και υποσποδω ακαματον πυρ. THEOCR.

Myūrus (*lang*), der Mäuseschwanz; *μυουρος*, von *μυς*, die Maus, und *ουρη*, der Schwanz. Vergl. §. 43.

Ιδε μυουρος εφολκαιη τετανυσται. NIC. THERIAC.

N.

Narcotĭnum (*kurz*), das Narkotin. *Kraus* hat die Penultima lang, jedoch muss sie, da das Wort von etwas Leblosem herrührt, corripirt werden. Vergl. §. 16.

Narcōsis (*lang*), die Narkose, der Zustand von Betäubung, in den grosse Gaben von Narcoticis versetzen, von *ναρκη*, die Betäubung, *ναρκος*, todtähnlich. Vergl. §. 33. der prosodischen Regeln.

Nasālis (*lang*), die Nase betreffend, von *nasus*, die Nase, *νησος*, die Insel, das Eiland des Gesichts. — Die Penultima ist lang, wie die andern Wörter auf *alis*; z. B. tibiālis, abdominālis. Vergl. §. 22.

Natūra (*lang*), die Natur, die Erzeugerin, von *nascor*

(natus), ich gebäre, bringe hervor, schaffe. — Die Penultima ist bei den Wörtern auf *urus*, *a*, *um* lang; z. B. fractūra, datūra u. s. w. Vergl. §. 18.

Unicuique dedit vitium natūra creato. PROPERT. ELEG.

Nausĕa (*kurz*), der Ekel, von *navis*, *ναυς*, das Schiff, also eigentlich die Schiffs-, Seekrankheit, die Uebelkeit. Die Penultima ist kurz nach der Regel: *vocalis ante vocalem brevis.* Vergl. §. 4.

Nausĕa non poterit haec quem vexare, marinam.

SCHOL. SAL.

Nautĭlus (*kurz*), der Meersegler, eine Schnecke; *ναυτιλος*, von *ναος*, das Schiff.

Ναυτιλος ισθι· ως ου πολυς ανδρι βιος. THEOCRIT.

Nebŭla (*kurz*), der Nebel, Nebelfleck im Auge; *νεφελη*, *nubes*, Wolke. Vergl. hinsichtlich der Prosodie §. 20.

Dispositae pinguem nebŭlam vomuere lucernae.

PERS. SAT.

Necrōsis (*lang*), der Knochenbrand; *νεκρωσις*, von *νεκρος*, todt, *νεκω*, *neco*, todtstechen, tödten. Ueber die Endung *osis* siehe §. 39.

Necrophŏrus (*kurz*), der Todtenträger, Todtengräber; *νεκροφορος*, von *νεκρος*, der Todte, und *φερω* (*φορος*), ich trage.

Πρωτα μεν ουν νεκυας φορεον κατατεθνειωτας. HOMER.

Nenūphar (*lang*), Seerose. Die Penultima ist deshalb lang, weil es bei den Arabern *Nilûphar* heisst. *Borrich.*

Neonātus (*lang*), neugeboren; eine *vox hybrida*, von *νεος*, neu, und *natus (nascor)*, geboren.

Nepĕta (*kurz*), die Katzenmünze, *νεπετα*, kommt wohl von der Stadt *Nepeta* in Etrurien.

Aut molles nepĕtae aut rutae quacunque bibentur.

Q. SEREN.

Nephĕle (*kurz*), die Wolke, der Nebelfleck, *νεφελη*, *nubes*, Nebel.

Νεφελην δ' υποσχων νιφαδι στρογγυλων πετρων. AESCHYL.

Nephrītis (*lang*), die Nierenentzündung; νεφριτις, von νεφρος, die Niere. Vergl. §. 26.

Nephroparĕsis (*kurz*), die Nierenlähmung; νεφροπαρεσις, von νεφρος und παρεσις, die Lähmung. Eigentlich hat die Endung *esis* die Penultima lang; siehe die Ausnahmen §. 38.

Nervīnus (*lang*), nervenstärkend, von *nervus*, νευρον, der Nerv. Ueber die Prosodie der Endung *inus* vergleiche §. 16.

Nephrophthĭsis (*kurz*), die Nierenschwindsucht, von νεφρος, die Niere, und φθισις, das Schwinden; φθινομαι, ich verzehre mich, ich schwinde. *Kraus* hat bei **Phthĭsis** und den Compositis die Penultima irrthümlich lang. —

Nervōsus (*lang*), nervös, von *nervus*; bei den Alten hiess es nervigt, stark.

Et quaerendum, unde foret nervōsius illud. CATULL.

Neurilēma (*lang*), die Nervenscheide; νευριλημα, von νευρον.

Neurodynamis (*kurz*), die Nervenkraft; νευροδυναμις, von νευρον, der Nerv, und δυναμις, die Macht, δυναμαι, ich kann, vermöge.

Nicotiāna (*lang*), der Taback, von dem Franzosen *Nicot*, so benannt, der den Taback 1560 in Frankreich und dadurch in ganz Europa einführte.

Gallus ab Eoa me gente — *Nicotius* olim
Misit: ab illustri sic mihi fama viro. SCRIVER.

Nosodochīum (*lang*), das Krankenhaus, Hospital; νοσοδοχειον, von νοσος und δεχομαι, ich nehme, nehme auf. Vergl. §. 6.

Noctambŭlo (*kurz*), nachtwandeln, von *nox*, *noctis*, die Nacht, und *ambulo*, ich spaziere.

Libera perpetuas ambŭlat illa vias. OVID FAST.

Nosocomīum (*lang*), das Krankenhaus, von νοσος und

κομεω, ich verpflege. Fast immer hört man die Penultima fälschlich kurz aussprechen.

Nosocŏmus (*kurz*), der Krankenwärter, von *νοσος*, die Krankheit, und *κομεω*, ich pflege, warte.

Notomyĕlus (*kurz*), das Rückenmark, von *νωτος*, der Rücken, und *μυελον*, das Mark.

Εν μεν γαρ μυελοιο νεοσφαγεως ελαφοιο. NICAND. THER.

Novacŭla (*kurz*), das Scheermesser, Rasirmesser, von *novus*, neu, *quod innovat faciem*. *Isidorus*.

Stringitur in densa nec caeca novacŭla turba. MARTIAL.

Nuclĕus (*kurz*), der Kern, Diminutivum von *nux*, die Nuss. Die Penultima ist kurz *ex vocali ante vocalem*.

Expurgat stomachum, nuclĕus lapidem tibi tollit.
SCHOL. SAL.

Nutrix, nutrīcis (*lang*), die Amme, von *nutrio*, ich nähre, nach *Beckmann in Orig.* von *νεοτερος*, *junior*.

Nutrīcem, et flavam, cui det mandata, puellam. JUVEN.

Nyctălops (*kurz*), nachtsichtig, tageblind, von *νυξ*, *νυκτος*, und *οψ*, das Gesicht, wer nur des Nachts sieht.

Nychthemĕron (*kurz*), Tag und Nacht dauernd, Ephemere; *νυχθημερον*, von *νυξ*, die Nacht, und *ημερα*, der Tag.

Ημερον εξαυλης· οι δ' ιαζοντες εποντο. HOMER ODYSS.

Nymphēa (*lang*), die Seerose; *nymphaea*, von *nympha*, die Nymphe, wegen des Vorkommens dieser Pflanze auf dem Wasser. *Kraus*.

Nymphītis (*lang*), die Entzündung der Nymphen; *νυμφιτις*, von *νυμφη*, *nupta*, Braut, junge Frau, die kleinen Schamlefzen. Vergl. über die Prosodie §. 26. der Regeln.

O.

Oblīquus (*lang*), schief, von *ob* und *liquis*, daher *musculus oblīquus*.

Oblīquus qua se signorum verteret ordo. VIRGIL.

Obstĕtrix (*kurz*), die Hebeamme, von *ob* und *sto*, gleichsam die Beisteherinn, nicht, wie *Voss* will, von *obsideo*, *obsestrix*, die Beisitzende. Die Penultima ist kurz wegen der *muta cum liquida tr.* Vergl. §. 5.

Cruore rubros obstĕtrix pannos lavit. HORAT.

Obstīpus (*lang*), krumm, schief, nach *Voss* von *stipes*, der Stamm, umgestämmt, entgegengestämmt; daher *caput obstīpum*, und nicht, wie man so häufig hören muss, *obstĭpum*.

Stes capite obstīpo, multum similis metuenti. HOR. SAT.

Occĭput (*kurz*), der Hinterkopf, von *ob*, gegen, und *caput*, der Kopf, also der Gegenkopf, der Theil des Hauptes, der dem Vorderkopf entgegengesetzt ist.

Ocĭmum (*kurz*), das Basilienkraut; *ωκιμον*, von *ωκυς*, schnell, wahrscheinlich wegen seines schnellen Wachsthums.

Ουλοφονον ληϭειεν, οτ᾽ ωκιμοειδες οδωδε.
NIC. ALEX. 280.

Ocĭma praeterea, bulbive linuntur amari. Q. SEREN. 441.

Ocyotŏcus (*kurz*), schnellzeugend, gebärend, von *ωκυς*, schnell, und *τεκω* (*τοκος*), gebären. Vergl. über die Prosodie §. 42.

Αυτως ορνιθων τε τοκον κτιλα τ᾽ ωεα βρυκων. NICAND.

Oedēma (*lang*), die Geschwulst (von Wasser), das Oedem; *οιδημα*, von *οιδεω*, *οιδαω*, schwellen, aufblasen. Vergl. §. 37.

Oenothēra (*lang*), Nachtkerze; *οινοθηρας*, von *οινον*, der Wein, und *θηρα*, die Jagd; also der Weinjäger. *Beckmann.*

Odontoīdes (*lang*), zahnförmig; *οδοντοειδης*, *dentiformis*, von *οδους*, *οδοντος*, und *ειδος*, die Gestalt, Form.

Odontōsis (*lang*), das Zahnleiden, *οδοντωσις*, von *οδους*.

Odontoprīsis (*lang*), das Zähneknirschen, von *οδους*,

οδοντος, der Zahn, und *πρισις*, das Klappern, knirschen, *πριω*, *πριζω*, sägen, raspeln.

Odorātus (*lang*), wohlriechend; z. B. viola odorāta, von *odor*, der Geruch, von *οζω* (*οδωδα*), *oleo*, ich rieche.

Cultor odorātae dives Arabs segetis. TIBULL.

Odorĭfer (*kurz*), wohlriechend, Wohlgerüche tragend, von *odor*, der Geruch, und *fero*, tragen, bringen.

Desit odorifĕris ordo mihi lancibus, adsint. PROPERT.

Odўne (*kurz*), der Schmerz; *οδυνη*, von *οδυω*, *οδυνω*, anriechen, anstinken, Missbehagen, Schmerz verursachen. *Kraus* bringt *odium*, der Hass, auch hiermit in etymologische Verbindung. Vergl. §. 9.

Ουκ οδυνην, ουκ αλγος εχει γαμος, αλλα χορειην. THEOCR.

Oesophăgus (*kurz*), die Speiseröhre; *οισοφαγος*, der Speiseträger, von *φερω*, *οισω*, ich trage, führe, und *φαγω*, ich esse.

Ανδρι γε σιτοφαγω, αλλα ριω υληεντι. HOMER ODYSS.

Olecrānum (*lang*), das Schulterblatt, von *ωλην*, *ulna*, die Schulter, und *κρανιον*, der Kopf. Auch dieses Wort wird fast stets falsch gesprochen!!

Εκ των ολεκρανων ακιδας εξαιροιμενον. PAC. 442.

Olĕum (*kurz*), das Oel; *ελαιον*, *olere*, nach Oel riechen.

Convivam nemon' olĕum feret ocius? haec quis. HORAT.

Olibănum (*kurz*), Weihrauch, Oliban, vom Berge Libanon, wo er häufig gefunden wird; *Isīdor*; verwandt mit לבנה (*libana*), לבן (*laban*), weiss. *Kraus*.

Γερραιης λιβανοιο χυσιν περιπηγεα θαμνοις. NIC. ALEX.

Florum spirat odor, Libăni sua montis honor thus. AUSON.

Olīva (*lang*), der Oelbaum; *ελαια*, *olea*, Oel. Vergl. §. 19. der Regeln. Bei den Wörtern auf *ivus*, *a*, *um* ist die Penultima lang; z. B. recidīvus, salīva.

Haec sibi corrupto casiam dissolvit olīvo. PERS. SATYR.

Omphălus (*kurz*), der Nabel; *ομφαλος*, *umbilicus*.

Αλγεσιν εμβαρυθουσα μεσον κατα ομφαλον ιζει.
NIC. THER.

Bisque quaternorum secernitur omphălos idem. AUSON.

Oncotŏmus (*kurz*), ein Instrument zum Oeffnen von Geschwülsten, von *ογκος*, die Geschwulst, und *τεμνω*, ic schneide.

Ες βορεην ανεμον τας κορθυος α τομα υμμιν. THEOCRIT.

Onōnis (*lang*), Hauhechel; *ονωνις*, bei *Dioscorides ανωνις*; es soll von *ονος*, der Esel, herzuleiten sein, weil diese sich daran gern reiben und ihnen dies sehr wohlthut. *Ruellius.*

Αλλοτε δ' υσσωπος τε και η πολυγωνος ονωνις.
NIC. THERIAC.

Oophŏrum (*kurz*), der Eierstock, von *ωον*, *ovum*, das Ei, und *φερω*, *φορεω*, *fero*, ich trage.

Φρακτα ταδ' ωοφοροισιν ομως ωδισι μελονται.
OPPIAN HAL.

Opisthotŏnus (*kurz*), der rückbiegende Starrkrampf; *οπισθοτονος*, von *οπισθεν*, nach hinten, und *τονος*, der Krampf.

Χειρας οπισθοτονω πεπεδηκοτα διζυγι δεσμω. NONN.

Opĭum (*kurz*), der Mohnsaft, das Opium; *οπιον*, *οπος*, der Saft, *catexochen*, Mohnsaft. Im Persischen und Türkischen heisst es *affium.*

Opobalsămum (*kurz*), Balsam, der Saft des Balsambaumes, von *οπος*, der Saft, und *balsamum.*

Haec emis, hirsuto spirant opobalsăma collo. JUVENAL.

Opopănax (*kurz*), der Panaxgummi, von *οπος*, der Saft, und *πναξ*.

Exspirant acrem panăces, absinthia tetra. LUCR.
Andrachnen, acoronque, opopănaca, Pompholygemque.
VINDICIAN.

Ophiostŏma (*kurz*), der Schlangenmund, ein Bandwurm, von *οφις*, die Schlange, und *στομα*, der Mund. Vergl. §. 42.

Orbĭta (*kurz*), die Augenhöhle, von *orbis*, der Kreis, der Ring; **orbĭta** heisst eigentlich das Geleise, die Bahn.

Castaliam molli devertitur orbĭta clivo. VIRGIL GEORG.

Orgănon (*kurz*), das Organon; *ὀργανον*, das Werkzeug, die Maschine, von *ἐργω*. Ueber die Prosodie vergl. §. 15.

Vocem vendentis praetoribus: orgăna semper. JUVENAL.

Orthocŏlus (*lang*), gliedersteif; *ὀρθοκωλος*, von *ὀρθος*, gerade, recht, steif, und *κωλον*, das Glied. Vergleiche §. 7. der prosodischen Regeln.

Oreoselīnum (*lang*), Berg-Silie, von *ὀρος*, der Berg, und *σελινον*, *selīnum*.

Κνυζα τ' ασφοδελω τε πολυγναμπτω σελινω. THEOCRIT.

Origănum (*kurz*), der Dosten; *ὀρειγανον*.

Ην τε και Ηρακλειον ορειγανον αμφενεπουσι. NIC. THER.

Cumque hoc absumi debebit origănus herba. Q. SEREN.

Ornithogălum (*kurz*), Vogelmilch, eine Pflanze; von *ὀρνις*, *ὀρνιθος*, der Vogel, und *γαλα*, die Milch, wegen des Milchsaftes, ähnlich dem in den Flügeln oder Eiern der Hühner. *Bauhinus*, *Beckmann*.

Αλλοτ' αλυσθαινοντι ποθεν γαλα πιον αρηξει. NIC. ALEX.

Orŏbus (*kurz*), die Kichererbse, *ὀροβος*; *Kraus* bemerkt richtig, dass *ὀροβος*, *ervum*, Erbse, einen und denselben Ursprung haben.

Τερσαινοις οροβοιο παληματι και ποτε κνιδην. NIC. ALEX.

Orȳza (*lang*), der Reis, *ὀρυζα*. Die Penultima ist lang wegen des Doppelkonsonanten *z*. Vergl. §. 5.

Tu cessas, age dum sume hoc ptisanarium orȳzae. HOR. SAT.

Osmazōma (*lang*), das Osmazom, von *ὀσμη*, der Geruch, und *ζωμα*, die Fleischbrühe.

Ζωμον δε βρομεοντα καταντλασον, αυτον απ' αυτου. NIC.

Osteocŏpus (*kurz*), knochenbohrend, nämlich *dolor*, von *ὀστεον*, der Knochen; und *κοπη*, der Schnitt, Schlag, *κοπο*, *κοπεω*, hauen.

Osteocŏpon lento conducit melle perungi. Q. SEREN.

Osteogenĕsis (*kurz*), Knochenbildung, von *ὀστεον* und *γενεσις*, die Zeugung, Entstehung.

Angulus, inspecta genĕsi collyria poscit. JUVENAL.

Ostĕon (*kurz*), der Knochen; *οστεον, ος*. *Kraus* will es mit *αυω, καυω, uro, ustus*; verbrennen, in Verbindung bringen (von dem ehemaligen Gebrauche des Verbrennens der Leichen.

Ος με καταςμυχων και ες οστεον αχρις ιαπτει. THEOCRIT.

Ostōma (*lang*), ein Knochengewächs; *οστωμα*, von *οστεον*. Vergl. §. 40.

Ostrĕa (*kurz*), die Auster; *οστρεον, οστρακον*, ein Scherben, wodurch die Schale, Muschel des Thieres bezeichnet wird.

Βουλβους ασπαραγοντι και οστρεα μυελοεντα. ATHEN.

Ostrĕa Circeis, Miseno oriuntur echini. HOR. SERM.

Otēchus (*lang*), das Ohrenklingen, Ohrensausen, von *ους, ωτος*, das Ohr, und *ηχω*, der Schall.

Μελπομεναι, κορυφην δε περιστενει ουρεος ηχω. HOMER.

Otodȳne (*kurz*), Ohrenzwang, Ohrenschmerz, *ους, ωτος*; das Ohr, und *οδυνη*, der Schmerz. Vergl. Odȳne.

Ουκ οδυνην, ουκ αλγος εχει γαμος, αλλα χορειην.
THEOCR. IDYLL.

Ovipărus (*kurz*), eierlegend, von *ovum*, das Ei, und *pario*, ich gebäre. Vergl. über die Prosodie §. 42.

Praepinguis, teres, ovipăra congestior alvo. AUSON.

Oxălis (*kurz*), Ampfer, von *οξυς*, scharf, sauer, wegen des Geschmackes so benannt, daher Sauerampfer.

Αρκτιον οξαλιδας τε και ορμενοεντα λυκοψον. NICAND.

Oxycrătum (*lang*), Honigessig mit Wasser, von *οξυς*, scharf, sauer, und *κρατον, κρασις*, die Mischung; *κεραννυμι*, mischen.

Oxylapăthum (*kurz*), der Sauerampfer, von *οξυς*, scharf, sauer, und *λαπαθον, lapathum*, der Ampfer.

Et lapăthi brevis herba, sed albo non sinè Coo. HORAT.

Oxȳmel (*kurz*), Sauerhonig, von *οξυ*, sauer, und *μελι, mel*, der Honig.

Ει μη αρ' οξυ νοησε Διος θυγατηρ Αφροδιτη. HOMER.

Oxymĕli (*kurz*), Sauerhonig, *οξυμελι*. S. Oxymel; vergl. §. 42.

Ως μελι τοι γλυκυ τουτο κατα βροχθοιο γενοιτο. THEOCR.

Oxytŏcus *(kurz)*, schnellgebärend; οξυτοκος, von οξυς, scharf, schnell, und τοκω, (τοκος), zeugen, gebären.

Παντων Αργειων ερεων γενεην τε τοκοντε. HOMER.

Oxythȳmus *(lang)*, jähzornig; οξυθυμος, von οξυ und θυμος, das Gemüth, Temperament. Vergl. §. 43.

Αβλεμες η γαρ εκεινο πελει βαρος· αυταρ ο θυμω. NICAND.

P.

Paeonĭa *(kurz)*, die Päonie; παιωνια, wahrscheinlich von *Paeonien* in Macedonien.

Ος ρ' εκ Παιονιης εριβωλακος ειληλυθει. HOMER. ILIAS.

Paeonĭis revocatum herbis et amore Dianae. VIRG. AEN.

Palātum *(lang)*, der Gaumen, von παω, *vescor*, *pascor*, ich speise, geniesse. *Voss. Martin.*

Quod refert clauso versum agitare palāto. Q. SEREN.

Palpĕbra *(kurz)*, die Wimper, von βλεφαρον, das Augenlied, oder von *palpitare*, hin- und herschlagen, blinzeln, *quia semper moventur.* — Nur bei Dichtern wird wegen der *muta cum liquida (br)* die vorletzte Sylbe lang gefunden.

Pampĭnus *(kurz)*, die Weinranke.

Heu male tum mites defendat Pampĭnus uvas. VIRGIL.

Panacēa *(lang)*, die Panazee; πανακειη, von πας, alles, und ακεω, heilen, also ein Universalmittel.

Παντι γαρ αρκιος εστι· το μεν πανακειον επουσιν. NICAND.

Ambrosiae succos et odoriferam Panacēam. VIRG. AEN. XII. 419.

Panăris *(kurz)*, das Nagelgeschwür, der Fingerwurm; παναρις. *Kraus* glaubt, es sei aus *Paronychia* verdorben

Pancrĕas *(kurz)*, die Bauchspeicheldrüse; παγκρεας, von πας, alles, und κρεας, Fleisch. Eine Benennung, die aus der früheren Ansicht über die Beschaffenheit dieses Organs entstand.

Panchymagōgum (*lang*), alle Säfte treibend; παγχυμαγωγον, von πας, alles, χυμα, die Flüssigkeit, nnd αγω, ich bewege; treibe.

Pandemĭus (*kurz*), allgemein herrschend, von πας, alles, und δημος, das Volk.

Ηλθε δ' επι πτωχος πανδεμιος, ος κατα αστυ. HOMER.

Panĭcum (*kurz*), Fennich, Hirse, von *pannus*, *panicula*, ein Büschel, Rispe an den Gewächsen. *Voss. Festus.* Vergl. in prosodischer Hinsicht §. 11.

Pantoptĕri (*kurz*), Ganzflosser; παντοπτερι, von πας und πτερυξ, der Flügel, die Flosse.

Papāver (*lang*), der Mohn, von *papare*, essen. *Voss Etymol.* Die Penultima ist lang, wie in cadāver u. s. w.

Actiaco melli jungas agreste papāver. Q. SEREN.

Papŭla (*kurz*), die Blatter, das Bläschen. Die diminutive Endung erklärt leicht die Kürze der Penultima. Vergl. §. 20.

Ferventes papŭlas oleo curato liqnenti. Q. SEREN.

Paracentēsis (*lang*), der Einstich (in eine Körperhöhle); παρακεντησις, von παρακεντεω, durchstechen. Nicht paracentĕsis. Vergl. §. 38.

Paracinēsis (*lang*), die Verrenkung, *dislocatio*, von παρακινεω, nebenbei-, vorbeibewegen, gleichsam aus dem Geleise bringen.

Paracūsis (*lang*), das Falschhören, das Ohrensausen, von παρακουω, vorbei-, verhören. Vergl. §. 8. der prosodischen Regeln.

Paralȳsis (*kurz*), die Lähmung; παραλυσις, von παρα und λυσις, die Lösung, Auflösung. Vergl. §. 42.

Απροιδη τυψαντα, λυσιν θ' ετεραλκεα κηδευς. NIC. THER.

Paraphimōsis (*lang*), die Zusammenschnürung der Eichel durch die Vorhaut; παραφιμωσις, von παρα und φιμωσις, die Verengung. Vergl. über die Prosodie §. 39.

Paraphrosȳne (*kurz*), Geistesverwirrung, das Delirium;

παραφροσυνη, von παρα und φροσυνη, φρονησις, der Verstand, erweiterte Formen statt φρην.

Η οταν ευφροσυνη μεν εχη κατα δημον απαντα. HOMER.

Parasīta (*lang*), der Parasit, Mitesser; παρασιτης, der Schmarotzer, von παρα, dabei, und σιτης, die Speise, Nahrung, Zehrung, also der stets beim Mahle dabei ist.

Quantus sit Dorsennus edacibus in parasītis. HOR. EPIST.

Parenchȳma (*kurz*), das Parenchym; παρεγχυμα, Füllsel, von παρα, εν und χυμα, εγχεω, hineingiessen, hineinfüllen, was in noch vorhandene offene Räume eingefüllt wird.

Parĕsis (*kurz*), die Lähmung; παρεσις, die Ohnmacht, unvollkommene Lähmung, von παριημι, vorbeilassen, nachlassen, erschlaffen. In prosodischer Hinsicht ist zu bemerken, dass die Endung *esis* die Penultima zwar lang hat, parĕsis jedoch mit emĕsis und wenigen anderen zu den Ausnahmen gehören.

Parōtis (*lang*), die Ohrdrüse; παρωτις, von παρα, bei, und ωτις, das Ohr. Vergl. §. 7.

Φθερσας κυπελλα, καλλυνει παρωτιδος. LYCOPHRON.

Parūlis (*lang*), das Zahngeschwür; παρουλις, von παρα und ουλον, das Zahnfleisch. Nicht parŭlis!

Lepra, elephantiasis, Cancer, Gangraena, parūlis.

Pastināca (*lang*), der Pastinak, von *pasco*, weiden, nähren, *quod praecipuus sit pastus hominum.* Die Endung *acus*, *a*, *um* hat die Penultima lang; z. B. portulāca, cloāca. Vergl. §. 10.

Et pastinācae virtus in semine tanto. MACER 28.

Pathēma (*lang*), das Leiden; παθημα, von πασχω (παθος), leiden.

Patholŏgus (*kurz*), der Pathologe, Krankheitskundige; παθολογος, von παθος, das Leiden, die Krankheit, und λεγω (λογος), ich lese, lehre, erkenne. Vergl. §. 42.

Pectorālis (*lang*), zur Brust gehörig, von *pectus*, die

Brust. Die Adjectiva auf *alis* haben die Penultima lang; z. B. digitālis, majālis, lethālis. Vergl. §. 13.

Pelecānus (*lang*), der Pelikan, ein Zahninstrument; πελεκας, πελεκανος, von πελεκαω, hobeln; πελεκυς, die Axt. Ueber die prosodischen Verhältnisse der Endung *anus* siehe §. 15.

Pemphўgus (*kurz*), die Blasenkrankheit; πεμφυξ, πεμφιξ, πεμφιγος, welche bei *Hippocrat* Friesel oder Aphthen bedeuten soll.

Pepo, pepŏnis (*kurz*), die Melone; πεπων, πεπονος, von πεπω, kochen. Ueber die Prosodie siehe §. 34. Nicht pepōnes, wozu wohl die Länge der Penultima der Genitivi auf *onis* verleitet.

Ω πεπονες, κακ' ελεγχε Αχαιδες, ουκ ετ' Αχαιοι.

Homer Ilias.

Perfŏro (*kurz*), ich durchbohre; z. B. musculus porfŏrans, von *per*, durch, und *foris*, die Oeffnung, das Loch. S. forāmen.

Loricaeque moras et pectus perfŏrat ingens. Virgil.

Periclymĕnum (*kurz*), περικλυμενον, *Lonicera P.*, das wohlriechende Geisblatt.

Φυλλα τε κισσηεντα περικλυμενοιο φερουσα.

Nic. Ther.

Perigўne (*kurz*), um das Weib, um den Fruchtknoten, ein botan. Ausdruck; περιγυνη, von περι, bei, um, und γυνη, das Weib. Vergl. §. 42. der prosod. Regeln.

Ειτε γυνα τηνω παρακεκλιται, ειτε και ανηρ. Theocr.

Periŏdus (*kurz*), die Periode, der Zeitraum, die monatliche Regel; περιοδος, von περι, um, und οδος, der Weg, die Zeit, in welcher man einen Weg zurücklegt.

Perŏne (*kurz*), das Wadenbein; περονη, die Spindel, Schnalle, von περω, πειρω, *penetrare*. Vergl. §. 7.

Πτυξας εκ θαλαμου περονην δ' επεθηκα φαεινην. Homer.

Perpĕtrans (*kurz*), sc. *vulnus*, durchbohrend; *perpetro*, von *per*, durch, und *patrare*, vollziehen, vollbringen. Die Penultima ist kurz *ex muta cum liquida*.

Petălum (*kurz*), das Blumenblatt; πεταλον, das Blatt, von πεταω, πεταννυμι, ausbreiten.

Χλωροισιν πεταλοισιν κατηρεφεες κομοωσαι. THEOCRIT.

Petroselĭnum (*lang*), die Petersilie; πετροσελινον, von πετρα, der Stein, und σελινον, weil sie als Diureticum auch auf den Harnstein wirkt, oder weil sie auf Felsen wächst.

Sal via, salvinum, piper, allia, petroselĭnum.
SCHOL. SAL.

Pezĭca (*kurz*), der Pilz, Schwamm, πεζιται.

Phaenomĕnon (*kurz*), das Phänomen, die Erscheinung. φαινομενον, von φαινομαι, ich scheine.

Φαινομενος σποριμοιο δι αυλακος, οντιν' ερoιμην.
THEOCRIT. IDYLL.

Pharmacopōla (*lang*), der Apotheker; φαρμακοπωλης, von φαρμακον, die Arznei, und πωλεω, ich verkaufe; also eigentlich auch Droguist.

Ηδη παρα τοισι φαρμακοπωλαις τη λιθον. NUB. 764.
Ambusajarum collegia, pharmacopōlae. HOR. SAT.

Pharmăcum (*kurz*), der Arzneistoff; φαρμακον, die Farbe, das Gift, von φαρμασσω, einrühren, einmischen. Ueber die Prosodie siehe §. 10.

Pharmăca tunc hauri, tunc scinde in pollice venam. CAMER.
Φαρμακα πολλα μεν εσθλα μεμιγμενα πολλα και λυγρα.
HOMER.

Phasēlus (*lang*), die Saubohne, Bohne, *fasēlus*, φασηλος.

Parvula fictilibus solitum dare vela phasēlis. JUVENAL.

Phimōsis (*lang*), die Verengung der Vorhaut; φιμωσις, φιμος, der Maulkorb, φιμοω, einschnüren. — Nicht Phimŏsis, wie Viele sprechen. S. hierüber §. 39.

Phlebotomĭa (*kurz*), der Aderlass; φλεβοτομια, von φλεψ, φλεβος, die Ader, und τεμνω, τομεω, ich schneide.

Phlegmŏne (*kurz*), die heftige Entzündung; φλεγμονη, φλεγμα, das Verbrannte, φλεγω, ich brenne, φλοξ, das Licht. Vergl. §. 7. Es heisst nicht, wie man so häufig hört, Phlegmōne.

Phlogōsis (*lang*), der Entzündungszustand, φλογωσις. S. **Phlegmŏne** in etymologischer Beziehung. Vergleiche §. 39.

Phosphŏrus (*kurz*), der Phosphor; φωςφορος, der Lichtträger, von φως, das Licht, und φερω, φορεω, ich bringe. Vergl. §. 42. der Regeln.

Πανουργος ει, νη την Εκαιην την φωςφορον. Thesm.

Ημος δ' Εωςφορος, εισι, φοως ερεων επι γαιαν. Homer.

Phrenēsis (*lang*), die Tobsucht, Raserei; φρενησις, nicht, wie selbst *Kraus* hat, φρενεσις, von φρην, der Geist, der Verstand; also eine zu sehr gesteigerte Geistesthätigkeit.

Quum furor haud dubius, quum sit manifesta phrenēsis. Juvenal.

Dagegen finden wir beim *Seren* die Penultima fälschlich kurz.

Ex vitio cerebri phrenĕsis furiosa movetur. Q. Seren.

Phrenītis (*lang*), die Gehirnentzündung; φρενιτις, die Raserei, Tobsucht, von φρην, der Verstand, oder der Sitz des Verstandes, das Gehirn, und der Endung *itis*. S. §. 26.

Phthiriăsis (*kurz*), die Läusesucht; φθιριασις, von φθειρ, die Laus. S. über die Endung *asis* §. 22. der Regeln.

Phthĭsis (*kurz*), das Schwinden, die Schwindsucht. *Kraus* hat irrthümlich die Penultima lang; φθισίς, von φθινω.

Et phthĭsis et vomicae putres et dimidium crus. Juvenal.

Physēter (*lang*), der Pottfisch; φυσητηρ, von φυσαω, blasen, auspusten, weil er das Wasser aufzublasen pflegt.

Physĭce (*kurz*), die Physik, Naturkunde; φυσικη, sc. τεχνη, von φυσις, die Natur. Die Penultima ist kurz, wie logĭce, anatomĭce.

Qui physĭcen non ignorant haec testificantur. Schol. Sal.

Physiolŏgus (*kurz*), der Physiologe, eigentlich Naturkundige. Vergl. §. 42.

Αιει δε μαλακοισι και αιμολιοισι λογοισι. HOMER.

Picrŏmel (*kurz*), der Bitterstoff; *πικρομελι*, der Gallenstoff, von *πικρος*, bitter, und *μελι*, der Honig, wegen der honig- oder breiartigen Beschaffenheit.

Piperīta (*lang*), pfefferig; z. B. mentha piperīta, ein gleichsam von einem Verbo *piperire*, pfeffern, gebildetes Participium, analog wie mellītus etc.

Pituīta (*lang*), der Schleim, von *πιττα*, Pech, oder von *πιτυω*, *πτυω*, spucken, ausspeien, *spuo*, *exsputo*. *Voss*.

Praecipue sanus, nisi cum pituīta molesta est. HOR. EPIST.

Falsch ist der Vers mit kurzer Penultima:

Somnia pituĭtae qui purgatissima mittunt. PERS. II. 57.

Plantāgo (*lang*), der Wegetritt, Wegerich, von *planta*, und der Endung *ago*, die eine Aehnlichkeit bedeutet. Die Penultima ist lang, wie bei tussilāgo, cartilāgo. Vergl. §. 23.

Platănus (*kurz*), der Platanusbaum; *πλατανος*, von *πλατυς*, platt, *latus*, ausgebreitet; weil der Baum sich sehr auszubreiten pflegt. Vergl. in prosodischer Beziehung §. 15.

Ινδοιης πλατανοιο παλιν κλαζουσι νεοισσοι. NONN. DION.

Frontonis platăni convulsaque marmora clamant. JUVENAL.

Pleurītis (*lang*), die Brustfell-Entzündung; *πλευριτις*, von *πλευρα*, *pleura*, das Brust-, Rippenfell.

Plumbāgo (*lang*), das Reissblei, von *plumbum*, das Blei. Die Penultima ist lang, wie in cartilāgo, tussilāgo etc. Vergl. §. 23.

Pneumonophthĭsis (*kurz*), die Lungenschwindsucht, von *πνευμων*, die Lunge, und *φθισις* (*φθινω*), die Auszehrung, das Schwinden. Vergl. in prosodischer Beziehung §. 42.

Et phthĭsis et vomicae putres et dimidium crus. JUVENAL.

Podrăgra (*kurz*), die Fussgicht; *ποδαγρα*, eigentlich die Fussfessel, von *πους, ποδος*, der Fuss, und *αγρα*, der Fang.

Litigat et **podăgra** Diodorus, Flacce laborat.

MARTIAL EPIG.

Tollere nodosam nescit medicina **Podăgram**.

OVID EX PONTO.

Nur bei Dichtern ist die vorletzte Sylbe lang, in der Prosa kurz, nach der Regel *muta cum liquida*. Vergleiche §. 5.

Polygăla (*kurz*), die Polygala, von *πολυς*, viel, und *γαλα*, die Milch, weil es eine Menge eines milchartigen Saftes bei sich führt.

Αλλοτ' αλυσθαινοντι ποθεν γαλα πιον αρηξει. NIC. ALEX.

Polygŏnum (*kurz*), der Knöterich; *πολυγονον*, von *πολυς*, viel, und *γονυ*, das Knie, die Biegung, *quia caules sunt geniculati*, daher deutsch *Knöterich*, franz. *centinode*, englisch *knotgrass*.

Η μεν πουλογονοιο τοτε βλαστημαт' αρηξει. NIC. ALEX.

Polygŏnum, vielwinklich, von *πολυς*, viel, und *γωνος*, der Winkel.

Αλλοτε δ' υσσωπος τε και πολυγωνος ονωνις. NIC. THER.

Polўpus (*kurz*), der Polyp, Vielfuss, von *πολυς*, viel, und *πους*, der Fuss; die Polypenkrankheit hat ihren Namen entweder von der Aehnlichkeit der Masse mit dem Fleische der Polypen, oder, weil sie mit vielen dünnen Fäden (Füsschen) in dem ergriffenen Theile festsitzt. —

Πουλυποδες ζωουσιν, αποφθινυθουσι γερασι. OPP. HAL.

Delectant, vetuti Balbinum **polўpus** Agnae. HORAT.

Polystŏma (*kurz*), das Vielmaul, ein Eingeweidewurm; *πολυστομα*, von *πολυς* und *στομα*, der Mund. Vergleiche §. 42.

Αιθιοπων, οιην τε πολυστομος εις αλα Νειλος. NIC. THER.

Pomphŏlyx (*kurz*), eigentlich die Blase, dann das Zinkoxyd, *nihilum album*, wegen der Leichtigkeit πομφολυξ, πεμφυξ.

Andrachnen, acoronque opopanaca, Pomphŏlygemque. VINDIC.

Πομφολογες ως εν γε πυρι φλυκταιναι αραιαι. NIC. THER.

Popŭlus (*kurz*), die Pappel.

Cortice velavit popŭlus ora novo. OVID. EPIST.

Portulāca (*lang*), der Portulak. Die Endung *acus, a, um* hat die Vorletzte lang; z. B. pastināca, guajācum, cloāca.

Porrīgo (*lang*), der Grind, von *porrum*, der Lauch, *porrigo*, lauchähnlich, d. h. eben so in Schalen und Schuppen eingehüllt. Die Penultima ist lang, wie in lentīgo, vertīgo. Vergl. §. 24.

Quum caput immensa pexum porrīgine ningit. Q. SEREN.

Postīcus (*lang*), der Hinterste; z. B. musculus etc., von *post*. Die Endung *icus* hat zwar die Penultima gewöhnlich kurz; Ausnahmen jedoch sind: antīcus, postīcus, umbilīcus, lumbrīcus etc. Vergl. §. 11.

Atria servantem postīco falle clientem. HOR. EPIST.

Praecānus (*lang*), frühzeitig grau, von *prae*, vor, und *canus*, grau; dieses von *candens*, glühend, ausgebrannt, aschfarbig, grau.

Corporis exigui, praecānum, solibus aptum. HOR. EPIST.

Praecordĭa (*kurz*), die Herz-, Magengrube, von *prae* und *cor*, *cordis*, das Herz.

Et tua sunt silicis circum praecordĭa venae. OVID. FAST.

Praeputĭum (*kurz*), die Vorhaut, entweder von *prae*, vor, und *putare*, beschneiden, oder von ποσθη, *mentula*, das Glied, die Vorhaut. *Voss. Scaliger.*

Impatiensque morae silet et praeputĭa ducit. JUVENAL.

Praevĭus (*kurz*), vorweg, von *prae*, vor, und *via*, der Weg, was der Bahn, dem Wege voreilt; z. B. placenta praevĭa.

Priāpus (*lang*), der Priap; πριαπος, πριηπος, von

πριαω, *πριαπω*, ich mache schwellen, mit Beziehung auf die *erectio penis*.

Παντες ανηρωτευν τι παθοι κακον' ηνθ' ο Πριαπος.

THEOCRIT.

Hunc tibi lucum dedico consecroque Priăpe. CATULL.

Problēma *(lang)*, das Problem, die Aufgabe; *προβλημα*, von *προβαλλω*, vorwerfen, wie man früher statt Thema und Problema Vorwurf zu sagen pflegte.

Prodrŏmus *(kurz)*, der Vorläufer; *προδρομος*, von *προ*, vor, und *δρομος*, der Lauf.

Μαλ' ενι χερσιν ελων, δρομον ανυεν· α δ' Αταλαντα.

THEOCRIT.

Prognōsis *(lang)*, die Vorhersage; *προγνωσις*, die Vorkunde, von *προ* und *γιγνωσκω* (*γνωσις*), kennen, wissen.

Prophylăce *(kurz)*, die Fürsorge; *προφυλακη*, die Vorhersorgung, von *προ* und *φυλασσω*, ich wache.

Πυρ μεγα καιοντων, φυλακη δε τις εμπεδος εστω. HOMER.

Prostăta *(kurz)*, die Vorsteherdrüse; *προστατη*, sc. (*αδην*) *glandula*, von *προ* und *ιστημι* (*σταω*), ich stehe vor.

Ως δ' οτε τις στατος ιππος, ακοστησας επι φατνη. HOMER.

Prototŏcus *(kurz)*, zuerstgebärend, *primipora*, von *πρωτον*, zuerst, und *τικτω*, *τεκω* (*τοκος*), ich gebäre, zeuge.

Πρωτοτοκος, κινυρη, ου πριν ειδυια τοκοιο. HOMER ILIAS.

Prurīgo *(lang)*, ein juckender Ausschlag, von *prurire*, jucken. Die Penultima ist lang, wie in calīgo, vertīgo. Vergl. §. 24.

Tunc prurīgo morae impatiens, tunc femina simplex.

JUVENAL.

Prurītus *(lang)*, das Jucken, von *prurire*. Ueber die Prosodie vergl. §. 30.

Prurītus autem salsos levat humor aceti. Q. SEREN.

Pseudogenĕsis *(kurz)*, die fehlerhafte Zeugung; *ψευδογενεσις*, von *ψευδος*, falsch, und *γενεσις*, die Zeugung, die Bildung. Vergl. in prosodischer Hinsicht §. 38.

Angulus. inspecta genĕsi collyria poscit. JUVENAL.

Ptisăna (*kurz*), die Tisane; πτισανη, von πτιζω, ich reibe, stosse. Die Endung *anus*, *a*, *um* ist gewöhnlich lang. S. §. 15. der Regeln.

Εν δε τε οι κοτυλην πτισανοιο χεασθαι. NIC. THERIAC.
Frumentum, Milium, ptisănamque fabamque solebas.

Ptyălon (*kurz*), der Speichel; πτυαλον, von πτυω, *spuo*, *sputum*, spucken.

Purpŭra (*kurz*), rother Ausschlag, Scharlach, Nessel.

Edita candentis praetexat purpŭra canos. VIRGIL: CIRIS.

Puerpĕra (*kurz*), die Gebärende, von *puer*, der Knabe, das Kind, und *pario*, *peperi*, gebären.

Ut facili vigeat servata puerpĕra partu. Q. SEREN.

Pulmo, pulmōnis (*lang*), die Lunge, von πνευμων. Vergl. §. 34.

Dum veteres avias tibi de pulmōne revello. PERS. SAT.

Punĭcus (*kurz*); z. B. Punĭca granatum, die gemeine Granate. Vergl. §. 11.

Punĭca quae lento cortice poma tegunt. OVID. FAST. IV. 608.

Putāmen (*lang*), die Schale, von *putare*, abschneiden; also was gewöhnlich abgeschnitten wird. Die Penultima der Wörter auf *amen* ist lang; z. B. solāmen, forāmen. Vergl. §. 27.

Ovum defundes in fictile, deinde putāmen. Q. SEREN. 757.

Putrēdo (*lang*), die Fäulniss, von *putreo*, ich faule, *puter*, faul, *puteo*, stinken, *pus*, der Eiter. Die Penultima ist lang, wie in flavēdo, dulcēdo u. s. w.

Pylōrus (*lang*), der untere Magenmund; πυλωρος, der Wächter, von πυλη, das Thor, die Pforte, daher der Pförtner. Vergl. §. 7.

Τοιον πυλωρον φυλακα τευκρον αμφι σοι. AJ. 561.

Pyōsis (*lang*), die Eiterung; πυωσις, von πυς, *pus*, πυοω, eitern. Vergl. §. 39.

Pyrămis (*kurz*), die Pyramide; *πυραμις*, von *πυρ*, das Feuer (ein medizinisch-anatomischer Ausdruck).

Και μεγαν απειναν πυραμιδων καματων, Ep. I. 1.

Regalique situ Pyrămidum altius. Horat. Carm.

Pyrĕthrum (*kurz*), der Bertramwurz; *πυρεθρον*, von *πυρ*, das Feuer, weil sie, auf die Zunge gebracht, beisst, brennt? — Die Penultima ist kurz (*muta cum liquida*). Nur bei Dichtern ist sie bisweilen lang. Vergl. §. 5.

Purgatur cerebrum mansa radice pyrēthri. Q. Seren.

Pyrŏla (*kurz*), das Wintergrün, von *pyrus*, die Birne; eine offenbar diminutive Endung und daher in der Penultima kurz. Vergl. §. 20.

Q.

Quadrumănus (*kurz*), vierhändig, von *quatuor* und *manus*. Die Penultima ist kurz, als Ausnahme der Endung *anus*. Vergl. §. 15.

Quadrŭpes (*kurz*), vierfüssig, der Vierfüsser, von *quatuor* und *pes*.

Quadrŭpedante putrem sonitu quatit ungula campum. Virgil.

Qui bipes et quadrŭpes foret et tripes omnia solus. Auson.

Quadrupĕdes (*kurz*), die Vierfüssler; *quatuor* und *pes*, *pedis*, der Fuss.

Quadupĕdes et frena jugo concordia ferre. Virgil.

Quartāna (*lang*), sc. *febris*, das viertägige Fieber, von *quatuor*, *quartus*. Die Penultima der Endung *anus*, *a*, *um* ist lang; z. B. avellāna, bardāna, fontāna. Vergl. §. 15.

Lethali quae grassatur quartāna calore. Q. Seren.

R.

Rabĭes (*kurz*), die Wuth, von *rabo*, *rabio*, rasen. Die Penultima ist kurz *ex vocal. ante vocal.* Vergl. §. 4.

Leniat et rabĭem canis et momenta leonis. HORAT. EPIST.

Racēmus (*lang*), die Traube, die Traubendolde, nach *Voss* von ραξ, ραγος, *acinus*, ein Häuflein.

Et turpis avibus praedam fert uva racēmos. VIRGIL.

Rachītis, **rhachītis** (*lang*), die englische Krankheit; ραχιτις, von ραχις, der Rückgrat, insofern das Knochensystem und besonders die Wirbelsäule davon ergriffen wird. Vergl. in prosodischer Hinsicht §. 26.

Radīcans (*lang*), wurzelnd, *rhus radīcans*, von *radīx*, *radīcis*, die Wurzel, *radīco*, ich wurzele.

Radix, **radīcis** (*lang*), die Wurzel, von ριζα, oder nach *Voss* von ραδιξ, der Zweig. Die Penultima ist lang, als Ausnahme der Genitivi auf *icis*. Vergl. §. 32.

Si vulnus tibi monstrata radīce vel herba. HOR. EPIST.

Ranŭla (*kurz*), das Fröschchen, die Froschgeschwulst unter der Zunge. Die Penultima ist kurz, als Diminutivum von *rana*, der Frosch. Siehe §. 20.

Raphănus (*kurz*), der Rettig, ραφανος. Vergl. über die Kürze der Penultima §. 15.

Αλλα ου γη ραφανοιο ποροις σπειρωδεα κορσην. NIC. ALEX.

Semine vel raphăni permisto dulcia mella. Q. SEREN.

Reăgens (*kurz*), das Prüfungsmittel, das Einwirkende, von *reăgere*, zurückwirken. Ein barbarisches Wort!!

Recidīvus (*lang*), wiederkehren; recidiv von *recidere*, zurückhalten, also: morbus recidīvus, der Rückfall. — Ueber die Länge der Penultima vergl. §. 19.

Ac, velut exhausta recidīvus pullulet arca. JUVENAL. SAT.

Recĭpe (*kurz*), empfange, das Endresultat des ärztlichen Nachdenkens am Krankenbette! von *re* und *capio*, entgegennehmen.

Ne recĭpi portis, aut duci in moenia possit. VIRGIL.

Regĭmen (*kurz*), die Lenkung, von *regere*, leiten, regieren, regĭmen diaeteticum, die Leitung der Diät. Ueber die Quantität conf. §. 29. Nicht regīmen! wozu wohl das französische *regime* verleiten dürfte.

Omne tenet cujus regĭmen pater; ergo Coranum.
JUVENAL.

Regŭlus *(kurz)*, der Metallkönig, das ursprüngliche Metall, von *rex*, *regis*. Die Penultima ist wie bei allen Diminutivis kurz. Vergl. §. 20.

Resēda *(lang)*, die Reseda, von *resedare*, stillen, besänftigen. *Plinius* sagt: *qui curant eas (inflammationes) addunt haec verba: resēda, morbos resēda etc.*

Resīna *(lang)*, das Harz; ῥητινη, von ῥεω, ich fliesse, weil es aus den Bäumen fliesst. Auch bei diesem Worte wird häufig in prosodischer Hinsicht gefehlt! Vergl. farīna und §. 16.

Και ποτε ῥητινην τερμινθιδα, πολλακι πευκης. NIC. ALEX.

Simplice resīna miscebimus hordea tusa. Q. SEREN.

Retĭna *(kurz)*, die Netzhaut des Auges; retĭna sc. *tunica*, von *rete*, das Netz. Die Penultima ist kurz, wie bei allen Adjectiven auf *inus*, die von leblosen Gegenständen abgeleitet werden. Vergl. §. 16.

Rhabarbărum *(kurz)*, der Rhabarber; bei *Dioscorides* ῥα, ῥηον, *rheum*, die Wurzel, *radix* und *barbărus*, ausländisch. Vergl. §. 17.

Huc tamen ex illa barbărus urbe fugit. OVID. EPIST.

Rhizōma *(lang)*, der Wurzelstock; ῥιζωμα, von ῥιζα, die Wurzel, ῥιζοω, wurzeln. Vergl. §. 40.

Rhizotŏmus *(kurz)*, Wurzelschneider, Apotheker, Droguist, von ῥιζα, die Wurzel, und τεμνω (τομος), schneiden. Vergl. §. 43.

Φυλλα τε ῥιζοτομον τε διεισομαι ανδρασιν ωρην. NICAND.

Ricĭnus *(kurz)*, der Wunderbaum; nach *Plinius* und *Dioscorides* rührt der Name von *ricinus*, die Schaflaus, her, wegen der Aehnlichkeit des Samens mit dieser.

Die Penultima ist kurz, als Ausnahme der Wörter auf *inus.* Vergl. §. 16.

Sanguine seu ricĭni, quem bos gustaverit ante. Q. Seren.

Robŏro *(kurz)*, ich stärke; methodus robŏrans, von *robur*, die Kraft, Steineiche.

Et validas auget vires et robŏrat ictum. Lucret.

Rosātus *(lang)*, rosig, von Rosen bereitet, ein von dem Worte *rosa* und dem daraus gebildeten barbarischen Verbo *rosare* formirtes Participium, nach der Analogie von crocātus, saponātus.

Lana oleo mandefit, sed nondum lauta, rosāto. Q. Seren.

Rosmarīnus *(lang)*, der Rosmarin, der Meerthau, von *ros*, der Thau, und *marinus*, vom Meere. Vergl. über die Prosodie §. 16.

Ex pipere et calida florem de rore marīno. Q. Seren.

Rotŭla *(kurz)*, das Rädchen, Plätzchen, von *rota*, das Rad, diminutive gebildet. Vergl. §. 20.

Quid rotŭlae insistis? Stare loco nequeo. Auson. Epig.

Rubeŏla *(kurz)*, der Röthelausschlag, von *rubeus*, *ruber*. Vergl. §. 20.

Rubĭa *(kurz)*, der Krapp, die Färberöthe, von *rubius*, *rubeus*, *ruber*. Vergl. §. 4.

Sumere conveniet, rubĭam quoque ducere potu. Q. Seren.

Rubīgo *(lang)*, der Rost, der Brand im Getraide, von *ruber*, *rufus*, roth. Die Penultima ist lang, wie in vertīgo, porrīgo. Vergl. §. 24.

Rumpitur, ac miserum fragili rubīgine corpus.
Calpur. Sicul.

Rubrīca *(lang)*, die Rubrik, der Röthel, Zinnober, von *rubricus (ruber)*, röthlich. Vergl. über die Prosodie §. 11.

Excepto, si quid Masuri rubrīca vetavit. Persius.

S.

Sabīna *(lang)*, der Sadebaum, von den Sabinern so benannt, bei welchen es häufig wuchs. — Die Adjectiva auf *inus*, *a*, *um*, von lebenden Gegenständen abgeleitet, sind lang. Vergl. §. 16.

Et crepat ad veteres herba Sabīna focos. PROPERT.

Sabūra (*lang*), Saburra, der Schleim, Ballast, von *sabulum*, der Sand. Die Endung *urus*, *a*, *um* ist lang; z. B. natūra. Vergl. §. 18.

Ut cymbae instabiles fluctu jactante Saburram. VIRGIL.

Saccātus (*lang*), sackig, den Sack betreffend; hydrops saccātus, ein gleichsam von dem Verbo *saccare* (aus *saccus*, der Sack) gebildetes Participium. Die Penultima ist lang, wie in rosātus, alātus etc. *Saccus* kommt von שק (*sac*), σακκος, und durch alle Sprachen ein Stamm.

Sacchărum (*kurz*), der Zucker; σακχαρον, σακχαρ; persisch *schekger*. Vergl. über die Prosodie §. 17.

Sive saporis erit, qui sacchăra dulcia vincat.
SAMMART. C. 2.

Sagapēnum (*lang*), das Sagapenharz; σαγαπηνον, nach *Kraus* wäre es von einer Gegend Palästinas oder Mediens so genannt. Die Endung *enus*, *a*, *um* ist in der Penultima lang; z. B. saphēna, avēna.

Cyprum ladanum Sagapēnumque et tragacantum.
MARCELL.

Salīva (*lang*), der Speichel; σιαλον, eine fette, zähe Materie, Masse, daher σιαλος, ein fettes Schwein. Die Endung *ivus*, *a*, *um* hat stets die Penultima lang; z. B. gingīva, olīva. Vergl. §. 19.

Nam primum tactu designat membra salīvae. LUCRET.

Salix, salĭcis (*kurz*), die Weide, von *salio*, ich springe, weil sie schnell schiesst, treibt, *quia celeriter surgit et crescit (salit)*; *Festus*. *Servius*.

Frons salĭcis cum flore suo contrita medetur. Q. SEREN.

Salvĭa (*kurz*), Salbei, von *salus*, das Heil, *salvus*, *herba salutifera*, ein heilsames Kraut.

Salvĭa cum ruta faciunt tibi pocula tuta. SCHOL. SAL.

Sambūcus (*lang*), der Flieder, Hollunder, auch Sabŭcus. Die Wörter auf *ucus*, *a*, *um* haben die Penultima lang; z. B. cadūcus, latūca etc. Vergl. §. 12.

Ungitur et sucis, dederit quos para Sabūcus. Q. Seren.

Samăra (*kurz*). Die Penultima ist kurz, weil das Wort zu den Ausnahmen der langen Endung *arus*, *a*, *um* gehört. Vergl. §. 17.

Sanguisūga (*lang*), der Blutsauger, Blutegel; von *sanguis*, das Blut, und *sugo*, ich sauge.

Marte satos scires, timor abfuit, ubera sūgunt. Ovid.

Sanguinĕus (*kurz*), blutig, von *sanguis*, das Blut; dieses von σανδυξ, die Mennige. S. *Kraus*.

Pallentesque manus sanguinĕumque caput. Ovid.

Sandarăca (*kurz*), Sandarach, σανδαραχη; steht auch wegen der rothen Farbe mit σανδυξ, die Mennige, in Verbindung. Vergl. über die Prosodie §. 10.

Galbana, Sandarăcham sampsuchum, psoricum alumen.
Vindician.

Santonĭcum (*kurz*), Zittwer (-Samen). Es hat den Namen, weil es im Lande der Santonen häufig wächst. Vergl. über die Prosodie §. 11.

Tempora Santonĭco velas adoperta cucullo. Juven. Saty.

Saphēna (*lang*), die Hauptfussader, sc. *vena*, σαφηνη. Vergl. §. 6. der Regeln.

Μη ποτ' επαινεσσης, πριν αν ειδης ανδρα σαφηνως. Theog.

Sapo, sapōnis (*lang*), die Seife; σαπων, σαπωνος, nach *Kraus* von σηπω, faulen. Vergl. §. 34.

Attrito sapōne genas purgare memento. Q. Seren.

Sarcocēle (*lang*), der Fleischbruch; σαρκοκηλη, von σαρξ, σαρκος, das Fleisch, und κηλη, die Geschwulst.

Sassafras (*kurz*), der Sassafras-Lorbeer. Die Penultima ist kurz nach der Regel: *muta cum liquida*. Vergl. §. 5.

Saxifrăga (*kurz*), der Steinbrech, von *saxum*, der Fels, der Stein und *frango*, ich zerbreche, wegen seiner Wirkungen in der Steinkrankheit.

Saxifrăgam seu fontigenam succurrere credunt. Q. Seren.

Scabĭes (*kurz*), die Krätze, von *scabo*, schaben, kratzen, zucken; *scaber*, rauh, schabig, räudig. Die Penultima ist kurz, weil *voc. ante vocal. brev.*

Quum tu inter scabĭem tantam et contagia lucri. HORAT.

Scabiōsa (*lang*), die Skabiose, so genannt als Mittel gegen *scabies*, oder vom Aussehen der Pflanze, *a scabro herbae habitu. Ruell.* Die Penultima ist lang, wie bei allen Adjectiven auf *osus*; z. B. vinōsus, formōsus. Vergl. §. 21.

Scalēnus (*lang*), ungleich, dreiseitig; σκαληνος, von σκαζω, hinken, σκαληνοω, hinken machen. Vergl. §. 6.

Scapŭla (*kurz*), das Schulterblatt, nach *Voss* von σκαπτεσθαι, hohl sein. In prosodischer Hinsicht siehe §. 20. — Man findet das Wort *Ovid a, a, III.* 273.

Scammonĭum (*kurz*), das Scammoniumharz; σκαμμωνιον, nach *Kraus* von σκαπτω, ich grabe, weil man die Wurzel, woraus das Scammonium bereitet wird, aus dem Sande gräbt.

Θαλπε βαλων χυτεω σκαμμωνιον οισι κορεσκων. NICAND.
Scammonĭum, cyperon, malabathron et ammoniacum. MARCELL.

Scarlatĭna (*kurz*), das Scharlachfieber, von *Scarlatĭna* sc. *febris*. Die Penultima ist kurz nach der feststehenden Regel, wonach die Adjectiva in *inus*, die von leblosen Gegenständen herrühren, corripirt werden; z. B. adamantĭnus, cristallĭnus, terebintĭna, balsamĭna etc. Vergl. §. 16. der prosodischen Regeln. — Also nicht scarlatīna.

Scelĕtum (*kurz*), das Skelett; σκελετος, ausgetrocknet; σωμα σκελετον, ein Todtengerippe, von σκελλω, σκελεω, dörren, trocknen.

Σωχη διακνηστι σκελετον δακος, οια τ' αφαυρον. NIC. THER.

Schoenoprăsum (*kurz*), Knoblauch; σχοινοπρασον, von σχοινος, *juncus*, der Binsen, und πρασον, der Lauch.

Huic pro foliis junci inanes sunt, hinc nomen ex porro et junco compositum. Bauh. 72.

Της ονομα χροιη τε πελει χλοεροιο πρασοιο. ORPH.

Sciŭrus (*lang*), das Einhörnchen; σκιουρος, von σκια, der Schatten, und ουρα, der Schwanz, weil es mit diesem sich bedeckt, beschattet.

Scoliōsis (*lang*), die Verkrümmung; σκολιωσις, von σκολιος, krumm, σκολιοω, ich krümme. Vergl. §. 39.

Scolȳmus (*kurz*), die Artischocke, σκολυμος. S. §. 9. der prosodischen Regeln. Vergl. *Beckmann histor. inventionum.*

Ηικται σκολυμω τροχεην δ' απεχευατο χαιτην. NIC. THER.

Scorzonēra (*lang*), Haberwurz. Ein Wort spanischen Ursprungs. Die Penultima ist lang, wie in den meisten Wörtern auf *erus*, *a*, *um*; z. B. Lavatēra, Lonicēra etc. Vergl. *Beckmann.*

Scrophŭla (*kurz*), die Skrophel, die Drüsengeschwulst, von *scropha*, die Sau, weil die Schweine damit behaftet sind. Vergl. in prosodischer Hinsicht §. 20.

Scrupŭlus (*kurz*), die Skrupel, ein Gewicht, Diminutivum von *scrupus*, ein Steinchen.

Gramma vocant, scrupŭlum nostri dixere priores. FANNIUS.

Scybălon (*kurz*), der geballte Koth; σκυβαλον, es soll von κυων, der Hund, und βαλλω, ich werfe, herkommen; also Hundsauswurf.

Μη αλλου παραδαιτος εδοις σκυβαλισμα τραπεζην. PHOCYL.

Secāle (*lang*), der Roggen; *secāle cornūtum*, das Mutterkorn, von *seco*, *secare*, schneiden, mähen. Die Adjectiva auf *alis*, *e* haben die Penultima lang; z. B. matricālis, majālis. Vergl. §. 13.

Secundĭnae (*kurz*), die Nachwehen, ven *secundus*, das Zweite, Nachfolgende, von *sequor.* — Die Penultima ist kurz, weil die Endung *inus*, *a*, *um*, von leblosen Dingen herrührend, stets corripirt wird. Vergl. §. 16.

Selĭnum (*lang*), der Eppich, σελινον. Ueber die Prosodie vergl. §. 16.

Εμπλεξας καλυκεσσι και ευοδομοισι σελινοις. Theocr. VII.
Teque datis linquo ventis, palmosa Selīnus.
Virg. Aen. III., 705.

Semen, semĭnis (*kurz*), der Samen, von *sero* (alt *seo*), ich säe. Vergl. §. 36.

Semĭna fert utero, conceptaque crimina portat. Ovid.

Sempervīvum (*lang*), immergrün, von *semper*, immer, und *vivus*, lebend, grünend. — Die Penultima ist lang, wie in recidīvus, satīvus etc. Vergl. §. 19.

Senĕga (*kurz*), die Senega. Die Penultima ist kurz *ex usu.*

Sialagōga (*lang*), Schleim treibend, Speichel befördernd; σιαλαγωγα, von σιαλον, der Speichel, und αγω, ich treibe, führe herbei.

Siălon (*kurz*), der Speichel; σιαλον, *saliva*, eine schleimige, fette Masse, weshalb auch σιαλος ein fettes Schwein heisst.

Πολλακι και βροτεων σιαλω υποτρεσαν οδμην. Nicand.

Silĭqua (*kurz*), die Schote; das Wort soll nach *Voss* von κελυφος, die Schale, Scheide, kommen.

Decoctis potantur aquis silĭquaeque madentes. Q. Seren.

Silūrus (*lang*), der Wels; σιλουρος, der Schwanzbeweger, von σειω, σιλω, bewegen, und ουρα, der Schwanz. Vergl. §. 8.

Σαπρον σιλουρον αργυρους πιναξ εχων. Ep.
Nunc pecus aequoreum celebrabere magne Silūre.
Auson. Mosell.

Simarūba (*lang*), sc. *quassia*, die Simaruba-Quassia, die Ruhrrinde. Die Penultima ist lang *ex usu*, da bei den gänzlich mangelnden etymologischen Verhältnissen kein rationeller Grund vorhanden ist.

Sināpis (*lang*), der Senf; σιναπι, σινηπι, von σινω, σιναω, ich schade, verletze, und ναπυ, *napus.*

Στρυχνον τ' ηδε σινηπι κακη πελεοντα σαωσει. Nic. Ther.
Teque lacessenti fletum factura sināpis. Columell. X.

Sincĭput (*kurz*), der Vorderkopf, von *semicaput*, der Halbkopf, *ἡμικεφαλον*.

Sisymbrĭum (*kurz*), die Rauke, Brunnenkresse, *σισυμβριον*.

Κυπρος τ' σπμηρον τε σισυμβριον, οσσα τεχ' οια.

NICAND. FRAGM.

Solāmen (*lang*), der Trost, von *solari*, trösten, mildern, daher das *solāmen hypochondricorum*. Die Penultima ist lang, wie in putāmen, forāmen etc. Vergl. §. 28.

Solānum (*lang*), Nachtschatten, entweder von *sol*, in der Sonne gedeihend, oder von *solari*, trösten, helfen, *quasi solamen in morbis*.

Esula cum betis, solānum strychnos, oryza.

HORT. 4.

Solāris (*lang*), sonnig, der Sonne ähnlich; z. B. plexus solāris, von *sol*, die Sonne.

Somnifĕrus (*kurz*), schlafbringend, von *somnus*, der Schlaf, und *fero*, ich bringe.

Spargens humida mella soporifĕrumque papaver. VIRGIL.

Plenaque somnifĕris serpens peregrina venenis. OVID.

Spadix, spadĭcis (*lang*), der Schaft, *σπαδιξ*, ein abgerissener Zweig, von *σπαω*, *σπαζω*, ich reisse. — Die Penultima ist in der Genitiv-Endung lang. Vergl. §. 32. Also nicht spadĭces!

Spadīces vix Pellaei valuere Cerauni. FALISC. CYNEGET.

Spermatozōon (*lang*), das Samenthier; *σπερματοζωον*, von *σπερμα*, der Samen, und *ζωον*, das Thier. Vergl. §§. 7. und 43.

Sphacĕlus (*kurz*), der Brand; *σφακελος*, die heftige Entzündung, die in Brand übergeht; *σφακελιζω*, brandig werden.

Κατα δ' εγκεφαλον πηδα σφακελος. EUR. HIPPOL.

Staphўle (*kurz*), die Weintraube, auch der geschwollene Zapfen; *σταφυλη*, ob verwandt mit *στεμφαλον*, das Ausgetretene, also Trauben?

Ηην' ενθα δ' ανα σταφυλαι παντοιαι εασιν. HOMER.

Steatōma (*lang*), die Speckgeschwulst; *στεατωμα*, von *στεαρ*, *στεατος*, das Fett, *στεατοω*, ich mache fett. Vergl. §. 10. der Regeln.

Stethoscŏpos (*kurz*), der Brustschauer, das Stethoskop, von *στηθος*, die Brust, und *σκοπεω*, ich schaue.

Α τοι ταν οιων επεται σκοπος α δε βαυσδει. THEOCRIT.

Stomăchus (*kurz*), der Magen, *στομαχος*, eine von *στομα*, der Mund, gleichsam augmentative Form.

Του και επισχομενοιο περι στομαχον βαρος εξει. NICAND.

Dulcia se in bilem vertent, stomăchoque tumultum.
HOR. SAT.

Stomacăce (*kurz*), die Mundfäule; *στομακακη*, von *στομα*, der Mund, und *κακος*, übel, böse. Vergl. §. 42. Also nicht stomacāce!

Γρηι καμινοι ισος· ον αν κακα μητισαιμην. HOMER.

Storax, storăcis (*kurz*), das Storaxharz. Ueber die Prosodie vergl. §. 33.

Non storăce Idaeo fragrantes tincta capillos. VIRGIL.

Strobīlus (*lang*), die Zirbel, der Tannzapfen; *στροβιλος*, von *στρεφω*, sich drehen, wenden. Nicht strobĭlus, wie man allgemein hört und selbst bei *Kraus* findet.

Ων οστρακου στροβιλος εντετμημενος. LYC. 506.

Strongȳlus (*kurz*), nach *Begin* der Spuhlwurm; *στρογγυλος*, rund, rundlich, von *στραγγω*, umschnüren, *strangula*, der Strang. *Kraus.*

Νεφελην δ᾽ υποσχων νιφαδι στρογγυλων πετρων. AESCHYL.

Styrax, styrăcis (*kurz*), das Styraxharz; *στυραξ, στυρακος*. Die Genitiv-Endung hat die Penultima kurz! Vergl. §. 33.

Aut styrăcem torres aut diri vulturis alam. Q. SEREN.

Suaveŏlens (*kurz*), wohlriechend, von *suavis*, angenehm, und *olere*, *οδω*, *οζω*, riechen.

Suaveŏlentis amaraci. CATULL.

Narcissum et florem jungit beneŏlentis anethi. VIRGIL.

Succĭnum (*kurz*), der Bernstein, von *succus; Plinius*

sagt: *quod arboris succum esse prisci nostri credidere, ob id succinum appellant.*

Gemmea fletiferi iaculatur succīna trunci. AUSON.

Suffōco (*lang*), ich ersticke, von *sub* und *fauces*, der Schlund. Die Länge der vorletzten Sylbe erklärt sich hier leicht aus dem Diphthong in *fauces*.

Suffōcent animam dira venena tuam. OVID.

Sulphur, sulphŭris (*kurz*), nach *Voss* von *ολον*, ganz, und *πυρ*, das Feuer, *sulphur vocatur, quia igne accenditur; πυρ enim ignis est. Isid.*

Sulphŭra contemni, vicus gemit; invidus aegris.
HOR. EPIST.

Supercilĭum (*kurz*), das Augenlied, von *super*, über, und *cilium*, die Wimper.

Ille supercilĭum madida fuligine tactum. JUVENAL.

Sycōsis (*lang*), die Feigwarzenkrankheit; *συκωσις*, von *συκος*, die Feige. Jedenfalls dem falschgebildeten *ficosis* vorzuziehen.

Symphўtum (*kurz*), der Schwarzwurz, von *συν* und *φυτον*, das Wachsen; *συμφυω*, ich wachse zusammen, weil die Wunden davon schnell zusammenheilen; *a vulneribus consolidandis.*

Συμφυτος, ην ου δει προς αγειν, εικοντα δε φευγειν.
PYTHAG.

Symphўsis (*kurz*), die Verwachsung, die Stelle der Verbindung; *συμφυσις*, von *συμφυω*, ich wachse zusammen. Vergl. §. 41.

Εκ γαιης ερυσας και μοι φυσιν αυτου εδειξεν. HOMER.

Symptōma (*lang*), das Symptom, der Zufall; *συμπτωμα*, von *συν*, mit, und *πιπτω* (*πτοω*, *πτωσις*, *πτωμα*), fallen. Vergl. in prosod. Hinsicht §. 40.

Syncŏpe (*kurz*), die Ohnmacht, das Zusammenstürzen, von *συν*, mit, und *κοπτω*, schlagen.

Synchondrōsis (*lang*), Zusammenknorpelung; *συγχονδρωσις*, von *συν*, mit, und *χονδρος*, der Knorpel, also die Verbindung durch Knorpel.

Synchўsis (*kurz*), die Zusammenmischung, Entmischung des Glaskörpers, von *συν*, und *χεω*, ich giesse.

Βραττει ανακρουουσα χυσιν μενοεικεα θηλης. NIC. ALEX.

Synizĕsis (*lang*), das Zusammengehen, die Verschliessung (der Pupille); *συνιζησις*, von *συν*, mit, und *ιζω*, setzen, sich begeben. Nicht, wie man so oft zu hören Gelegenheit hat, synizĕsĭs. Vergl. §. 38.

Synŏcha, synŏchus (*kurz*), anhaltend, das anhaltende, entzündliche oder nervöse Fieber; *συνοχος*, von *συνεχω*, zusammenhalten, anhalten.

Ωσ ενι ξυνοχη λιμενος πολιοιο τετυντο. APOLL.

Syphĭlis (*kurz*), die Venuskrankheit, entweder von *συν* und *φιλεω*, ich liebe, oder, nach *Fracastor*, von dem Schweinehirten *Syphilus* (*συς*, das Schwein, und *φιλεω*, ich liebe).

Syphĭlus, ut fama est, ipsa haec ad flumina pastor.
Syphĭlidemque ab eo labem dixere coloni.
FRACAST. SYPHIL.

Syrŭpus (*lang*), der Syrup; *Sirop*, offenbar vom hebräischen שרף (*s^e^rap*, *s^e^raf*), das, was aus den Bäumen ausfliesst, das Harz; durch diese Herleitung ist gegen *Kraus*, der *Sirob* schreiben will, das *p* vertheidigt.

Systēma (*lang*), das System; dieser Ausdruck gehört wohl hierher; denn in welcher Wissenschaft wären Systeme wohl mehr zu Hause, als in der Medizin?? — *Συστημα*, von *συνιστημι*, zusammensetzen, zusammenstellen, ein künstliches (oft jedoch nicht haltbares) Gebäude aufrichten!

T.

Tabăcum (*lang*), der Taback, *Tabago*, *Tabacca*. — Die Penultima ist lang, wie in portulāca, pastināca. Vergl. §. 10.

Appellare marem medici didicere Tabăcum. P. SCRIV.

Tabifĭcus (*kurz*), abzehrend, von *tabefacio*, ich mache welken, *tabes*, das Verzehren, das Schwinden, Abzehrung.

Taenĭa (*kurz*), der Bandwurm; *ταινια*, das Band, von *τεινω*, spannen, *tendo*. Vergl. §. 4. der Regeln.

Aurum ingens coluber sit longae taenĭa vittae. VIRGIL.

Tanacētum (*lang*). *Bauhin* leitet es von dem *Tanacum* des *Plinius* her; *Beckmann* vermuthet, dass, da die Pflanze vormals *athanasia* hiess, mit Weglassung der ersten Sylbe *tanacetum* daraus entstanden ist. Die Penultima ist lang, wie in quercētum, acētum. Vergl. §. 31.

Tartărus (*kurz*), der Weinstein. *Ταρταρος*, die Unterwelt, und daher wohl auch Metalle, Steine und Salze im Schoosse der Erde. Vergl. über die Prosodie §. 17.

Saevior intus habet sedem, tum Tartărus ipse.
VIRG. AEN.

Tergemĭnus (*kurz*), der Drilling, von *ter*, dreimal, und *geminus*, doppelt, also dreidoppelt, dreifach.

Tergemĭna est Hecate, tria virginis ora Dianae.
AUSON. EDYLL.

Tetănus (*kurz*), der Starrkrampf; *τετανος*, von *τεινω*, ich spanne; *τονος*, *tendo*. Vergl. über die Endung *anus* §. 15. der prosodischen Regeln.

Αιμ' αναλυομενος τετανον τ' εσκληκοτα ρινον. NIC. ALEX.
Hinc spasmus, tussis, tetănus, dyspnoea, catarrhus.

Tetragōnus (*lang*), vierwinklich; *τετραγωνος*, viereckig, von *τεσσαρα*, *τετρα* und *γωνος*, *γωνια*, der Winkel, die Ecke.

Fulgor tetragōno aspectu vitale coruscat. AUSON. ECLOG.

Tetrōdon (*lang*), der Stachelbauch; *τετρωδον*, der Vierzahn, von *τεσσαρα*, *τετρα*, vier, und *οδους*, der Zahn. Vergl. Leontōdon.

Thanătos (*kurz*), der Tod; *θανατος*, *θνησκω*, ich sterbe.

Αυτου οι θανατος τε και ωκεα μοιρα τετυκται. NICAND.

Theobrŏma (*lang*), Cacao; θεοβρωμα, die Götterspeise, von θεος und βρωμη, *cibus*. S. §. 7.

Ουτε τι πω βρωμην ποτι δεγμενα· πολλακι δ' ισχει.

NICAND.

Thermomĕtrum (*kurz*), das Thermometer; θερμομετρον, der Wärmemesser, von θερμη, die Wärme, und μετρον, das Maass. Die Penultima ist kurz *ex muta cum liquida*. Vergl. §. 5.

Thorax, thorăcis (*lang*), der Brustkasten; θωραξ, θωρακος, der Panzer, θωρησσω, panzern. Vergl. in prosod. Hinsicht §. 33.

Θωρηκος τοθι χονδρος υπερ κυτος εζετο γαστρος.

NIC. ALEX.

Thysselīnum (*lang*), θυσσελινον. Siehe Selīnum und §. 16.

Κνυζα τ' ασφοδελω τε πολυγναμπτω τε σελινω. THEOCRIT.

Tilĭa (*kurz*), die Linde. Die Penultima ist kurz *ex voc. ante voc.* Siehe §. 4.

Nec tilĭae molles nec fagus et innuba laurus. OVID. MET.

Tinĕa (*kurz*), der Grind, nach *Voss* von *taenia*, nach *Isid.* von *teneo*, *quod teneat vestimenta*. Vergl. §. 4.

Aut clude et positos tinĕa pertunde libellos. JUVENAL.

Torpĭdus (*kurz*), träge, torpid, von *torpeo*, ich bin starr, gefühllos. Die Penultima ist kurz, wie in liquĭdus, fervĭdus. Vergl. §. 14.

Torpĭda supremus patitur jam cauda tremores. AUSON.

Tormĭna (*kurz*), Leibschneiden, von *torquere*, drehen, winden, quälen.

Carnis delicias immenso tormĭne pendit. CARM. AD FUSC.

Toxĭcum (*kurz*), das Gift; τοξικον, das Gift für die Pfeile von τοξα, das Geschoss, Vergl. §. 10.

Τοξικω ευτ' αχεεσσι βαρυνηται κοτω ανηρ. NIC. ALEX. 208.

Toxĭca praeter ea qua sint pellenda medela. Q. SEREN.

Trachēa (*lang*), der Kehlkopf; τραχεια, von τραχυς, rauh, uneben, weil die Luftröhre durch die vielen Knorpel uneben ist.

Tracheophthĭsis (*kurz*), die Kehlkopfschwindsucht, die Halsschwindsucht, von *trachea*, τραχειη, der Kehlkopf, und *phthĭsis*, φθισις, die Schwindsucht. — Nicht tracheophthīsis!

Trachēlus (*lang*), der Nacken; τραχηλος. Nach *Kraus* wäre der Ausdruck verwandt mit ραχις. Vergl. §. 6. der Regeln.

Ταν λεπταν χοινιδα· βροχον δ' ενεβαλλε τραχηλω.
THEOCR.

Trachīnus (*lang*), ein Fisch, von τραχυς, der Stachel, weil der Fisch stachlige Flossen hat. Vergl. §. 16.

Μοχθους· θνητα δε παντα παρα τραχινιος εξει. THEOCR.

Tragopōgon (*lang*), der Bocksbart, von τραγος, der Bock, und πωγων, der Bart.

Και γεραον πωγωνα, και εν τραπεας κυκλαμινους. NICAND.

Trepănum (*kurz*), der Trepan, Hirnschalenbohrer, von τρεπω, drehen, τρυω, τρυπαω, ich bohre ein Loch. Die Penultima ist kurz nach dem §. 15.

Trephĭna (*kurz*), der Trepan, von τρεπω, drehen, wenden. Die Penultima ist kurz, weil das Wort von etwas Leblosem hergenommen ist. Vergl. §. 16.

Trichĕchus (*kurz*), Wallross, von θριξ, das Haar, und εχω, ich habe, weil bei Seethieren Haare selten sind. *Kraus.* Nicht trichēchus!

Trichocephălus (*kurz*), der Haarkopf, ein Eingeweidewurm, von θριξ, τριχος, das Haar, und κεφαλη, der Kopf. Vergl. §. 42.

Trichōma (*lang*), die Haarkrankheit, der Weichselzopf; τριχωμα, von θριξ, das Haar.

Εξ αιματων γουν ξανθ' εχει τριχωματα. ORPH. I. 73.

Trichonŏsos (*kurz*), die Haarkrankheit, von θριξ, das Haar, und νοσος, die Krankheit.

Εγνων· αλλα με τις καπυρα νοσος εξαλαπαξε. THEOCRIT.

Trichūrus (*lang*), der Haarschwanz, ein Eingeweidewurm, von θριξ und ουρα. Vergl. §. 43.

Ου μεν τω γ' ουρων ανυται ρυσις· αμφι δε γυια. NICAND.

Tricŏlor (*kurz*), dreifarbig, von *ter* (*tri*), dreimal, und *color*, die Farbe. Vergl. hinsichts der Prosodie §. 42.

Et populus festo **concŏlor** ipse suo est. OVID. FAST.

Trigŏnus (*lang*), dreieckig, *τριγωνος*. Vergl. §. 7.

Vota levat, **trigōno** viras sociante sequenti. AUSON. ECLOG.

Trifĭdus (*kurz*), dreispaltig, von *tri*, drei, und *fidus* (von *findo*, ich spalte), gespalten. Vergl. über die Prosodie §. 43.

Naides Hesperias **trifĭda** fumantia flamma. OVID.

Trilŏbus (*kurz*), dreilappig, von *tri* (*ter*), dreifach, und *lŏbus*, *λοβος*, der Lappen. Vergl. §. 6.

Πολλακι δ' εν και σπερμα, τοτε **λοβος** *αμφις αεξει*. NICAND.

Trităcum (*kurz*), der Weizen, von *tero* (*tritum*), reiben, *quia grana e spicis teruntur*. *Varro*. *Isidor*. Vielleicht aber auch, weil das beste Mehl durch Reiben daraus bereitet wird.

Tritĭceo October fenore ditat agros. AUSON. ECL.

Trochantēres (*lang*), die Rollhügel; *τροχαντηρ*, *τροχαντηρος*, von *τρεχω*, laufen. Vergl. §. 6. der prosodischen Regeln.

Tuberculŏsus (*lang*), höckerig, von *tuber*, Diminutiv *tuberculum*. Die Endung *osus* ist in der Penultima stets lang; z. B. speciŏsus, formōsus etc. Vergl. §. 21.

Tuberŏsus (*lang*), knollig, von *tuber*, dieses von *tumeo*, ich schwelle an.

Tulĭpa (*kurz*), die Tulpe. Vergl. über dieses Wort *Beckmann: Historia inventionum.*

Tunĭca (*kurz*), die Hülle der Haut, von *χιτων*, das Gewand, durch Versetzung der Sylben, *tonicha*, *tunica*.

Trita subest **tunĭcae**, vel si toga dissidet impar. HOR. EPIST.

Turpēthum (*lang*), nach *Rolf* **Turbedon**. Die neueren Griechen nennen es *τουρπιττη*. Vergl. über dieses Wort: *Martinius*, *Ruellius*, *Dodonaeus*, *Du Cange*. **Turbith** hiess ein Purgans; *Schröder* nannte es **Tur-**

pethum. In der Chemie bedeutet es einen metallischen Bodensatz.

Tussilāgo (*lang*), der Huflattig, von *tussis*, der Husten, *quia tussim sedat*. *Plin.* Die Penultima ist lang, wie in cartilāgo, imāgo. Vergl. §. 23.

Tympănum (*kurz*), das Trommelfell; *τυμπανον*, *τυπανον*, von *τυπω*, *τυπτω*, ich schlage. Vergl. in prosod. Hinsicht §. 15.

Η κροταλων τυπανων τ' ιαχη συν τε βρομος αυλων.
HOMER.

Hinc radios trivere rotis, hinc tympăna plaustris.
VIRG. GEORG.

U.

Ulcus, ulcĕris (*kurz*), das Geschwür, von *ελκος*, daher auch die Schreibart *hulcus* vorkommt.

Deque gravi duras ulcĕre tolle manus. OVID. FAST.

Ulītis (*lang*), die Zahnfleischentzündung, von *ουλος*, das Zahnfleisch. Vergl. §. 26.

Umbilīcus (*lang*), der Nabel, von *ομφαλος*, *umbo*. Nicht umbilĭcus! Bei der Aussprache dieses Wortes wird sehr oft gefehlt. Man vergl. §. 11.

Nigris pagina crevit umbilīcis. MARTIAL.

Uncĭa (*kurz*), die Unze, von *unicius*, *unĭcus*, einzig, der eine Theil eines Ganzen. Nach *Scaliger* von *ουγκια*, das Erz (das eherne Gewicht).

Despicit exiguas adeo nulla uncĭa nobis. JUVENAL.

Urăchus (*kurz*), der Harnstrang; *ουραχος*, von *ουρον* und *αγω* oder *εχω*, ich führe oder enthalte Urin.

Η ρα οι ασπαιρουσα, και ουριαχον πελεμιζεν.
HOMER. ILIAS.

Urănus (*kurz*), der Gaumen; *ουρανος*, der Himmel, die Wölbung.

Της επιτετραπται μεγας ουρανος Ουλυμπος τε. HOMER.

Uranorrhăphe (*kurz*), die Gaumennath; *ουρανοῤῥαφη*, von *ουρανος*, der Himmel, der gewölbte Gaumen, und *ῥαφη*, die Nath.

Δη τοτε γ' ηδη κειτο ῥαφαι δ' ελελυντο ιμαντων. HOMER.

Urēter (*lang*), der Harnleiter; *ουρητηρ*, *ουρητηρος*, von *ουρον*, *ουρεω*, ich harne. Vergl. §. 6.

Urēthra (*lang*), die Harnröhre; *ουρηθρα*, von *ουρον*, *ουρέω*. Hier ist trotz der *muta cum liquida* die Penultima lang, weil das *e* aus *η* entstanden ist. Vergl. §. 6. der prosodischen Regeln.

Urīna (*lang*), der Urin, von *ουρον*, der Harn, daher *urna*; ursprünglich ein Wassergefäss. Ueber die Prosodie vergl. §. 16.

Auribus atque oculis concepta urīna movetur. JUVENAL.

Urolĭthus (*kurz*), der Harnstein, von *ουρον*, der Urin, und *λιθος*, der Stein, Vergl. §. 43.

Πασα λιθος πταιοισα ποτ' αρβυλιδεσσιν αειδει. THEOCRIT.

Urtīca (*lang*), die Nessel, von *uro*, ich brenne, daher Brennnessel. Vergl. in prosod. Beziehung §. 11. der Regeln.

Haec tetigit, Gradive, tuos urtīca nepotes? JUVENAL.

Utĕrus (*kurz*), die Gebärmutter, nach *Scheller* von *uter*, der Schlauch, oder nach *Voss* von *ουτερος*, der Bauch, Unterleib. Vielleicht von *υστερα*?

Semina fert utĕro conceptaque crimina portat. OVID.

Uterīnus (*lang*), die Gebärmutter betreffend, von *uterus*. Vergl. über die Prosodie §. 16.

V.

Vagīna (*lang*), die Scheide, von *vacare*, leer sein; *id quod vacuum*, also *vagina* statt *vacina*. So sagt *Cicero: gladius vagina vacuus*. —

A digitis, quas in vagīnae fronte solebat. JUVENAL.

Vagītus (*lang*), das Wimmern, das Kindergeschrei,

v. *uterinus*, von *vagire*, wimmern, quäken. Die Penultima ist lang, wie in audītus. Vergl. §. 30.

Edere vagītus, et adhuc a matre rubentem. Juvenal.

Valeriāna *(lang)*, der Baldrian, von *valere*, gelten, vermögen, weil sie die Krankheiten zu beseitigen vermag, *quod insignibus valeat viribus ad morbus depellendos; Voss.* Vergl. in prosodischer Hinsicht §. 15.

Varicocēle *(lang)*, der Krampfaderbruch, von *varix* und *κηλη*, die Geschwulst. Ein hybrides Wort.

Varicōsus *(lang)*, krampfadrig, von *varix.* Vergl. §. 21.

Dixeris haec inter varicōsos Centuriones. Pers. Sat.

Varix, varīcis *(lang)*, nach *Voss* von *varus, a, um*, quer, schräg, gespannt. Vergl. über die Prosodie dieses Wortes, das so häufig falsch gesprochen wird, und in welchem selbst ein *Kraus* fehlt, §. 32.

Verătrum *(kurz)*, der weisse Germer. Die Penultima ist kurz *ex muta cum liquida.* Vergl. §. 5. Nur bei Dichtern ist sie lang.

Praeterea nobis verātrum est acre venenum. Lucret.

Venēnum *(lang)*, das Gift, naeh *Isidor* von *vena*, die Ader, *quod per venas, venenum vadit. Voss* erklärt geistreich genug, so wie *toxicum* von *τοξον*, der Bogen, Pfeil, komme, so könne auch *venenum* von *βελεμον*, *βελον* (*βαλλω*), das Geschoss, hergeleitet werden.

Quidquid habet Circe, quidquid Medea venēni. Tibull.

Venĕtus *(kurz)*, venetisch, aus Venedig; z. B. sapo Venĕtus; *Ενετος.*

Contentusque illic Venĕto duroque cucullo. Juvenal.

Ventricŭlus *(kurz)*, der Magen, Diminutivum von *venter*, dieses von *εντερον.*

Infra ventricŭlum et tenui distantia rima. Juvenal.

Verbēna *(lang)*, der Eisenhart, von *herba*, also statt *herbena*, ein krautartiges Gewächs. Die Penultima ist lang, wie in avēna, catēna.

Foeniculus, verbēna, rosa et chelidonia rutae. Schol. Sal.
Tilia, verbēnasque premens, vescumque papaver. Virgil.

Veterīnus (*lang*), *veterinarius*, das Zugvieh, auch die Veterinair-Angelegenheiten betreffend, von *vehere*, fahren, führen, ziehen, *veterinarius* ist die contrahirte Form für *veheterinarius*, *vecterinarius*.

Veronīca (*lang*), der Ehrenpreis; man leitet es nämlich von *vera una icon* (εικων), das einzig wahre Bild (der Jungfrau), ab. *Willdenow* glaubt, es müsste von *vere unica*, die wahrhaft Einzige, derivirt werden. *Martin.* will es von *vires*, die Kräfte, von den Wirkungen entnehmen. In den beiden letzten Fällen müsste die Penultima kurz sein.

Calfacit et siccat Veronīca fugatque tumores.

Verrūca (*lang*), die Warze, nach *Voss* von *verunco*, ich kehre, wenden, abwenden, *quia opera danda est, ut averruncetur!?* Die Penultima ist lang, wie in cadūcus, festūca, lactūca u. s. w. S. §. 12.

Verrūcae quoque desectae frenare cruorem. Q. SEREN.

Vertīgo (*lang*), der Schwindel, von *verto*, herumdrehen, kreisen. Ueber die Prosodie siehe §. 24.

Adde quod assidua rapitur vertīgine coelum. OVID MET.

Vesīca (*lang*), die Blase, von φυσαω, ich schwelle an. Vergl. in prosodischer Hinsicht §. 11. Nicht vesĭca!!

Si dolor internae vesīcae concoquit atrum. Q. SEREN.

Vesīcans (*lang*), Blasen ziehend, von *vesīca*!!

Virōsus (*lang*), giftig; z. B. Cicuta virōsa, von *virus*, das Gift.

At Chalybes nudi ferrum, virōsaque Pontus. VIRGIL.

Vibex, vibīcis (*lang*), die Schwiele, von ιβυξ, ιβυκος, die Strieme. Nicht, wie man so oft hört, vibĭces. Vergl. §. 32.

Admixtaque oleo vibīces comprimit atras. Q. SEREN.

Viŏla (*kurz*), das Veilchen, Diminutivum von ιον, was gleichbedeutend ist.

Pallentes viŏlas et summa papavera carpens. VIRGIL.

Viscĕra (*kurz*), die Eingeweide; nach *Voss* käme *viscus* von *vescor*, ich nähre mich, geniesse; weil der Darmkanal sich selbst und den ganzen Körper speiset.

Imposui rapidis viscĕra nostra rogis. OVID. FAST.

Vitriŏlum (*kurz*), der Vitriol, von *vitrum*, das Glas, letzteres von *video*, ich sehe, *quia perspicuum est*, weil es durchsichtig ist.

Vinōsus (*lang*), weinig, von Wein; *vinum*, *οινον*, יין (*iaiin*), der Wein, und so durch alle romanischen und slavischen Sprachen; z. B. *le vin*, *il vino*, poln. *wino etc.* Ueber die Prosodie siehe formōsus und §. 21.

Vivipărus (*kurz*), lebendiggebärend, von *vivus*, lebend, und *pario*, ich gebäre, zeuge. Vergl. §. 17.

Volvŭlus (*kurz*), die Darmgicht, von *volvere*, wälzen, wickeln, daher die deutsche Benennung Darmverschlingung, Verwickelung.

Vomĭca (*kurz*), das Lungengeschwür, jedes Geschwür, von *vomere*, speien, *quia pus vomit.*

Et phthisis et vŏmĭcae putres et dimidium crus. JUVEN.

Lang findet man die Antepenultima in folgendem Verse:

Vōmĭca qualis erit, vel eidem proxima quaedam. SEREN.

Vomĭtus (*kurz*), das Erbrechen, von *vomo*, *εμεω*, ich erbreche mich. Vergl. über die Prosodie der Verbalia auf *itus* §. 30.

Nauseat et priscum vomĭtu confundat amorem. GALL.

Vulnus, vulnĕris (*kurz*), die Wunde, unwahrscheinlich von *ουλη*, die Narbe, *vulnus fere curatum*, wie es *Voss* in seinem *Etymol.* will.

Horrent admotas vulnĕra cruda manus. OVID.

X.

Xanthoxȳlon (*kurz*), Gelbholz; *ξανθοξυλον*, von *ξανθος*, gelb, und *ξυλον*, das Holz.

Xeranthĕmum (*kurz*), eine Pflanze, von *ξηρος*, trocken,

und *ανθεμον*, die Blume. — Ich würde dieses Wort als technischen Ausdruck für die getrockneten Pflanzen eines Herbariums passend finden.

Xiphoïdes (*lang*), schwertförmig, *ξιφοειδης*, von *ξιφος*, das Schwert, und *ειδος*, die Form. Vergl. §. 6.

Xylostĕon (*kurz*), das Geisblatt, von *ξυλον*, das Holz, und *οστεον*, der Knochen, wegen seiner Härte so benannt.

Πασσ' αλα και λεγε ταυτα: Τα Δελφιδος οστεα πασσω.

THEOCR.

Z.

Zingĭber (*kurz*), der Ingwer; *Zingiberi*, *ζιγγιβερις*, *ζιγγιβερι*.

Ζιγγιβερι θερμον και ευκλων πενταπετηλον. ANDROMACH.

Zingĭber et calidum mordax piper et laser algens.

VINDICIAN. 54.

Zoolíthus (*kurz*), die Thierversteinerung, von *ζωον*, das Thier, das Lebende, und *λιθος*, der Stein. Vergleiche §. 42.

Αχρι μεσων ουδων φοβερον λιθον, ηπτε τ' απ' αυτων.

THEOCRIT.

Zoophy̆ton (*kurz*), die Thierpflanze; *ζωοφυτον*, von *ζωον*, und *φυτον*, das Gewächs, die Pflanze.

Ιππομανες φυτον εστι παρ' Αρκασι, τω δ' επι πασαι.

THEOCR.

Zoogŏnos (*kurz*), lebendgebärend; *ζωογονος*, von *ζωον*, und *γονος*, *γιγνω*, erzeugen. Vergl. §. 42.

Zoster, zostēris (*lang*), die Gürtelrose; *ζωστηρ*, *ζωστηρος*, der Gürtel.

Πεπλως εκ ζωστηρος επ' ιγνυ' ανειρυσασαι. THEOCRIT.

Zoolŏgus (*kurz*), der Zoologe; *ζωολογος*, der Thierkundige, von *ζωον*, das Thier, und *λεγω* (*λογος*), ich lese, lerne, verstehe.

Zootŏmus (*kurz*), der Zootom, *ζωοτομος*, der Thierzerleger, von *ζωον*, das Thier, und *τεμνω*, ich schneide (*τομεω*, *τομος*).

Ου τομος εκ πτερνης, ουχ' ηπατα λευκοχιτωνα. HOMER.

Zymōma (*lang*), die Gährung; *ζυμωμα*, von *ζυμοω*, ich gähre.

Μη μεν δε ζυμωμα κακον χθονος ανερα κηδοι. NICAND.

Zymōsis (*lang*), die Gährnng; *ζυμωσις*, die Säuerung, *ζυμοω*, ich gähre, vielleicht von חמץ (*chamez*), gegohren, herzuleiten?

FSC
www.fsc.org
MIX
Papier | Fördert gute Waldnutzung
FSC® C083411

Zeitfracht Medien GmbH
Ferdinand-Jühlke-Straße 7
99095 Erfurt, Deutschland
produktsicherheit@kolibri360.de